国家中等职业教育改革发展示范学校建设项目成果教材

局域网管理与实战技术

主　编　王金龙　　赵勇利

副主编　方　华　　陈　戌　　贺丽菲

参　编　田晋芳　　董　雪　　陈　勇　韩　平

机械工业出版社

本书以组建局域网为核心,将"用网、组网、护网"3个方面融为一体,以不同类型局域网的管理为载体重构课程内容,符合技能的形成规律和学生的认识规律。

本书包括8个项目,项目1介绍了网络的功能;项目2介绍了单机连网的设置;项目3介绍了对等网的组建;项目4介绍了小型办公局域网的组建;项目5介绍了Web服务器的架构与配置;项目6介绍了无线局域网的组建;项目7介绍了局域网安全技术的配置;项目8介绍了局域常见的故障诊断与维护。本书通过"任务驱动"的教学方式,实施"理论实践一体化"教学模式,从实际工作岗位需求入手,让学生认识局域网的结构和功能。从而对局域网的组建和维护有一个完整的认知和体会。为方便读者学习和教师教学,本书配有电子教学资源包,读者可以教师身份登录机械工业出版社教材服务网 www.cmpedu.com 下载或联系编辑(010-88379194)咨询。

本书可以作为中职中专学校相关专业"局域网管理与实战技术"课程的教材,也可作为局域网组建毕业设计的参考书。

图书在版编目(CIP)数据

局域网管理与实战技术/王金龙,赵勇利主编.—北京:机械工业出版社,2013.9(2015.1重印)

国家中等职业教育改革发展示范学校建设项目成果教材

ISBN 978-7-111-43949-3

Ⅰ.①局…　Ⅱ.①王…②赵…　Ⅲ.①局域网 – 中等专业学校 – 教材　Ⅳ.①TP393.1

中国版本图书馆 CIP 数据核字(2013)第 209213 号

机械工业出版社(北京市百万庄大街22号　邮政编码100037)
策划编辑:梁　伟　李绍坤　责任编辑:蔡　岩
封面设计:赵颖喆
北京机工印刷厂印刷(三河市南杨庄国丰装订厂装订)
2015 年 1 月第 1 版第 2 次印刷
184mm×260mm·11.75 印张·289 千字
标准书号:ISBN 978-7-111-43949-3
定价:30.00 元

前　　言

目前，计算机网络技术已经成为社会各个行业传递信息的一个重要途径，作为普及最早和最常见的网络类型——局域网，也给家庭、中小企业等带来了诸多便利。因此，只有掌握基本的局域网知识，学会组建和使用局域网，合理、科学地管理和利用好局域网，才能在信息高速发展的今天更好地生存。

本书按照"体验局域网—组建局域网—维护局域网"的进程层层递进，从单机到局域网，从有线局域网到无线局域网，遵循由浅入深、由易到难、从简单到复杂的规律训练组建不同类型局域网的技能，讲解局域网组建的相关知识，使学生具备一定的专业技能和职业素质。

本书尽可能将局域网管理与实战的最新技术融入到教材中，注重理论知识和实用新技术相结合，注重对实践技能的培养，让学生既具有扎实的基础知识，又具有创新能力和创新意识。

本书由邢台市农业学校王金龙、赵勇利任主编，方华、陈戌、贺丽菲任副主编，参与编写的还有田晋芳、董雪、陈勇、韩平。其中，王金龙负责项目1的编写以及对全书的修改和审定，赵勇利负责项目3、项目8的编写，方华负责项目4的编写，神州数码网络有限公司的陈戌负责项目2的编写，贺丽菲负责项目5的编写，田晋芳、韩平负责项目6的编写，董雪、陈勇负责项目7的编写。

编写人员中既包括资深的网络管理和维护人员，又包括一线的局域网相关课程的教学人员，这使得本书理论与实践并重，方法与技巧并存。在写作过程中，我们力求精益求精，但书中难免存在一些不足之处，欢迎读者批评指正。

编　者

目　　录

项目1 体验网络功能

小李刚刚接触"网络"这个新名词，对于计算机网络，他还不是很清楚，下面就和他一起来学习吧。

1）了解局域网的特点和组成。
2）认识局域网的主要功能。

1）熟练使用网络，充分利用网络资源。
2）熟练掌握利用 Visio 软件绘制拓扑结构图。

◎ 任务1　观察网络结构

任务分析

想学习局域网管理，首先需要认识什么是网络，了解网络的基础知识，只有掌握了这些基础知识，才能在后期的网络管理中快速上手。

任务实战

现场考察你所在学校的计算机网络中心，将观察到的网络设备记录于表 1-1 中。

表 1-1　计算机网络中心设备

类型	型号	数量
集线器		
交换机		
路由器		

利用搜索引擎查找这些网络设备的主要参数，并了解计算机网络的基础知识。

相关知识

1. 计算机网络的发展历程

计算机网络就是计算机之间通过网络传输介质互联起来，按照网络协议进行数据通信，实现资源共享的一种组织形式。网络传输介质和通信网中的传输线路一样，起到信息输送和设备连接的作用。

计算机网络从产生到发展，可以分成以下 4 个阶段：

第 1 阶段：20 世纪 60 年代末到 20 世纪 70 年代初为计算机网络发展的萌芽阶段。其主要特征是：为了增加系统的计算能力和资源共享，把小型计算机连成实验性的网络。第一个远程分组交换网叫 ARPANET，是由美国国防部于 1969 年建成的。它第一次实现了由通信网络和资源网络复合构成计算机网络系统，标志计算机网络的真正产生，ARPANET 是这一阶段的典型代表。

第 2 阶段：20 世纪 70 年代中后期是局域网络（LAN）发展的重要阶段，其主要特征为：局域网络作为一种新型的计算机体系结构开始进入产业部门。局域网技术是从远程分组交换通信网络和 I/O 总线结构计算机系统派生出来的。1976 年，美国 Xerox 公司的 Palo Alto 研究中心推出以太网（Ethernet），它成功地采用了夏威夷大学 ALOHA 无线电网络系统的基本原理，使之发展成为第一个总线竞争式局域网络。1974 年，英国剑桥大学计算机研究所开发了著名的剑桥环局域网（Cambridge Ring）。这些网络的成功实现，一方面标志着局域网络的产生，另一方面，它们形成的以太网及环网对以后局域网络的发展起到导航的作用。

第 3 阶段：整个 20 世纪 80 年代是计算机局域网络的发展时期。其主要特征是：局域网络完全从硬件上实现了 ISO 的开放系统互连通信模式协议的能力。计算机局域网及其互连产品的集成，使得局域网与局域互连、局域网与各类主机互连，以及局域网与广域网互连的技术越来越成熟。综合业务数据通信网络（ISDN）和智能化网络（IN）的发展，标志着局域网络的飞速发展。1980 年 2 月，IEEE（美国电气和电子工程师学会）下属的 802 局域网络标准委员会宣告成立，并相继提出 IEEE801.5～IEEE802.6 等局域网络标准草案，其中的绝大部分内容已被国际标准化组织（ISO）正式认可。作为局域网络的国际标准，它标志着局域网协议及其标准化的确定，为局域网的进一步发展奠定了基础。

第 4 阶段：20 世纪 90 年代初至现在是计算机网络飞速发展的阶段。其主要特征是：计算机网络化，协同计算能力发展以及全球互连网络（Internet）的盛行。计算机的发展已经完全与网络融为一体，体现了"网络就是计算机"的口号。目前，计算机网络已经真正进入社会各行各业，为社会各行各业所采用。另外，虚拟网络 FDDI 及 ATM 技术的应用，使网络技术蓬勃发展并迅速走向市场，走进平民百姓的生活。

2. 计算机网络的功能

计算机网络的功能主要体现在 3 个方面：信息交换、资源共享、分布式处理。

（1）信息交换

这是计算机网络最基本的功能,主要完成计算机网络中各个节点之间的系统通信。用户可以在网上传送电子邮件、发布新闻消息，进行电子购物、电子贸易、远程电子教育等。

（2）资源共享

所谓资源是指构成系统的所有要素，包括软、硬件资源，如：计算处理能力、大容量磁盘、高速打印机、绘图仪、通信线路、数据库文件和其他计算机上的有关信息。由于受经济和其他因素的制约，这些资源并非（也不可能）所有用户都能独立拥有，所以网络上的计算机不仅可以使用自身的资源，也可以共享网络上的资源。因而增强了网络上计算机的处理能力，提高了计算机软、硬件的利用率。

（3）分布式处理

分布式处理可以将一项复杂的任务划分成许多部分，由网络内各计算机分别协作并行完成相关部分，使整个系统的性能大为增强。

3. 计算机网络的分类

计算机网络根据不同的标准有不同的分类，如图 1-1 所示。

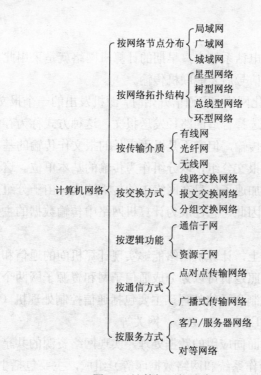

图1-1　计算机网络分类

（1）按网络节点分布

局域网是一种在小范围内实现的计算机网络，一般在一个建筑物内，或一个工厂、一个单位内部。局域网覆盖范围可在十几公里以内，结构简单，布线容易。

广域网：范围很广，可以分布在一个省内、一个国家或几个国家。广域网信道传输速率较低，结构比较复杂。

城域网：是在一个城市内部组建的计算机信息网络，提供全市的信息服务。目前，我国许多城市正在建设城域网。

局域网通常采用单一的传输介质，而城域网和广域网则采用多种传输介质。

（2）按传输介质

有线网：是采用同轴电缆或双绞线连接的计算机网络。同轴电缆网是常见的一种联网方式。其优点是比较经济，安装较为便利；而其缺点是传输率和抗干扰能力一般，传输距离较短。双绞线网是目前最常见的联网方式。它价格便宜，安装方便，传输距离远、传输质量高。

光纤网：也是有线网的一种，但由于其特殊性而单独列出。光纤网采用光导纤维作传输介质。光纤传输距离长，传输率高，可达数千兆 bit/s，抗干扰性强，不会受到电子监听设备的监听，是高安全性网络的理想选择。但其成本较高，且需要高水平的安装技术。

无线网：用电磁波作为载体来传输数据，由于联网方式灵活方便，目前无线局域网的应用已非常普遍。

（3）按交换方式

线路交换：最早出现在电话系统中，早期的计算机网络就是采用此方式来传输数据的，数字信号经过变换成为模拟信号后才能联机传输。

报文交换：是一种数字化网络。当通信开始时，源机发出的一个报文被存储在交换机里，交换机根据报文的目的地址选择合适的路径发送报文，这种方式称为存储-转发方式。

分组交换：也采用报文传输，但它不是以不定长的报文作传输的基本单位，而是将一个长的报文划分为许多定长的报文分组，以分组作为传输的基本单位。这不仅大大简化了对计算机存储器的管理，而且也加速了信息在网络中的传播速度。由于分组交换优于线路交换和报文交换，具有许多优点。因此，它已成为计算机网络中传输数据的主要方式。

（4）按逻辑功能

在网络传输介质的基础上，计算机网络能够实现计算机间的通信和计算机资源的共享，因此计算机网络的结构，按照逻辑可以划分成通信子网和资源子网两个部分。

通信子网：面向通信控制和通信处理，主要包括通信控制处理机（CCP）、网络控制中心（NCC）、分组组装/拆卸设备（PAD）、网关等。

资源子网：负责全网的面向应用的数据处理，实现网络资源的共享。它由各种拥有资源的用户主机和软件（网络操作系统和网络数据库等）组成，主要包括主机（HOST）、终端设备（T）、网络操作系统、网络数据库。

其中主机的概念很重要，所谓主机就是组成网络的各个独立的计算机。在网络中，主机运行应用程序。一定要注意区别主机与终端两个概念。终端指人与网络打交道时所必需的设备，一个键盘加一个显示器即可构成一个终端，显然，主机由于要运行应用程序，只有一个键盘和显示器是不够的，还要有相应的软件和硬件才行。因此，不能把终端看成主机，但有时把主机看成一台终端是可以的。

（5）按通信方式

点对点传输网络：数据以点到点的方式在计算机或通信设备中传输。星型网、环型网采用这种传输方式。

广播式传输网络：数据在公用介质中传输。无线网和总线型网络属于这种类型。

（6）按服务方式

网络中的计算机或者是客户机（Client），或者是服务器（Server）。客户机是指向服务器发出服务或数据请求的计算机，而服务器则是向客户机提供服务和数据的计算机。需要注意的是这里客户机和服务器的概念是相对的，是基于实际运行中计算机所完成的任务，而不是根据计算机安装了什么操作软件决定的，只要提供资源，我们都可以称之为服务器，只要访问资源，我们都可以称之为客户机。

根据网络上的计算机的角色划分和服务方式，网络可划分成以下类型：

1）对等网，如图 1-2 所示。

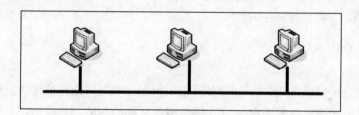

图1-2 对等网

在对等网（PEER TO PEER）中没有专门的计算机充当客户机或服务器，每一台计算机既可以充当服务器又可作为客户机（任一时刻只有一种角色），并且通常也没有管理员负责维护网络，安全性由每一台计算机上的本地目录数据库提供，每一台计算机的用户自己决定该计算机上的哪些数据在网络中共享。所以在这种网络中，每台计算机都是一种平等的关系。对等网有时也称为"工作组（Workgroup）"。

2）基于服务器的网络，如图 1-3 所示。

对等网规模较小，一般不超过 10 台计算机，随着网络的扩大，对等网络根本不能够满足日益增长的资源需求。而基于服务器的网络（Server-Based Network，也称为客户机/服务器网络）完全可以满足这种要求，在这种类型的网络中，会配置专用的、经过优化的计算机充当服务器，以便处理来自客户机的请求。有时，为了确保每个任务都能够尽可能有效地完成，可以配置多台服务器以降低单个服务器所承受的负载（Load）。客户机/服务器网络已经成为组网的标准模型。

4．计算机网络模型

随着新媒体类型的开发、新传输协议的增长，许多人都看到了不同媒体类型和协议能够互相操作的需求。早在 1980 年，国际标准化组织（ISO）就着手解决这个问题，并于 1984 年成功地创建了开放系统互连参考模型（OSI），为不同厂商之间创建可互操作规程的网络软件部件提供了基本依据。

OSI 模型描述了类似 Windows 系列的模块化操作系统。在该系统中，所有网络部件都承认 7 个标准层：应用层、表示层、会话层、传输层、网络层、数据链路层和物理层。

在这 7 个标准层中，每一层使用下一层的服务，并直接对上一层提供服务。例如，TCP 是传输层服务，使用可靠的 IP 服务，保证了对其上一层的可靠连接。如图 1-4 所示。

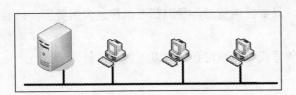

7	应用层A	提供应用程序间通信
6	表示层P	处理数据格式、数据加密等
5	会话层S	建立、维护和管理会话
4	传输层T	建立主机端到端连接
3	网络层N	寻址和路由选择
2	数据链路层D	提供介质访问、链路管理等
1	物理层P	比特流传输

图1-3　客户机/服务器网络　　　　　　图1-4　开放互连参考模型

下面分别对 OSI 模型的 7 个子层进行介绍。

（1）物理层

物理层是网络接口卡（NIC）与网络电缆的接口。NIC 将数据帧传送到网络中的其他计算机或者是从其他计算机接收数据帧，具体使用什么样的 NIC，要根据物理网络介质判断。比如：光纤、铜线、红外线等。介质选择的两个主要原则是用户需要多远与多快地发送数据。物理层仅仅负责从一台计算机到另一台计算机发送比特位（比特位是数字通信的二进制 0 和 1），而并不关心比特位的含义。物理层处理与网络的物理连接和信号的发送与传输，定义了下列物理与电气细节：

1）0 或 1 如何表示。

2）网络连接器的针数。

3）数据如何同步。

4）网卡什么时候传输数据，什么时候不传输数据。

（2）数据链路层

数据链路层与物理层一起负责介质访问控制，它实现数据从一台计算机通过网络向另一台计算机的无差错传送。在发送端，数据链路层将从网络层接收到的数据帧发送到物理层。在接收端，数据链路层将从物理层接收到的数据位组织成与网络层兼容的数据帧。

根据所使用的协议，数据链路层传递一个数据帧到物理层并等待接收应答，如果没有发送成功或者没有收到应答，数据链路层将重发数据帧。当然，等待与重发的数量与时间受协议与设置的控制。电子和电气工程师协会（IEEE）将数据链路层分成了两个子层：介质访问控制（MAC）与逻辑链路控制（LLC），这两个子层分担了数据链路层的职责。

1）LLC。LLC 通过服务访问点（SAP）管理通信服务。SAP 是到上层协议初始化数据传送的矢量，利用 SAP，LLC 就能判断将上级模型层中的数据发往何处。LLC 还负责错误通知，这样就能设计 LLC 去执行错误恢复与重发。

2）MAC。MAC 负责将数据帧无差错地发送到物理层或者无差错地接收来自物理层的数据帧。MAC 是较低级的子层，包括 NIC 及其软件驱动程序。网络错误在 MAC 层检测，结果将通知 LLC。MAC 规范要求每块 NIC 有唯一的物理地址。

（3）网络层

网络层与传输层包括了各种传输协议，其中网络层定义了 TCP/IP 栈中的 IP 的功能及许多 IPX/SPX 协议中的 IPX 功能。

网络层负责在网络间查找路由，制定路由决策，并且为设备转发经过多个网络的数据包（一条链路连接两个网络设备，并且由数据链接层实现，通过一条链路连在一起的两个设备直接互相通信）。网络层允许传输层及其以上各层发送数据包，而不必关心终端系统是紧密相连，还是隔着其他系统中介。

（4）传输层

传输层定义了 TCP/IP 协议栈中 TCP 功能及 IPX/SPX 协议中的几种 IPX 功能和 SPX 功能。

传输层确保数据包按照顺序进行无差错的传输。在数据包发送端，传输层把来自会话层的信息拆分成可以发送给目的计算机的数据包；在接收端，传输层重新把数据包组织成信息发送给会话层。另外，传输层会对所接受的信息发送一个确认信息给发送端。

（5）会话层

会话层通过建立称为会话的通信链接来管理计算机之间的数据交换。为了建立会话，该层执行一些功能以完成名称与用户权限的识别。为了提高数据的安全性，该层创建数据检查点并控制哪台计算机有明确的发送网络数据的访问权限。

（6）表示层

表示层在网络需要的格式和计算机期望的格式之间翻译数据。表示层执行协议转换、数据翻译、压缩与加密及字符转换，表示层也解释图形命令。

重定向程序操作在表示层与应用层的水平上。表示层使文件服务器上的文件对客户计算机可见，重定向程序也对远程打印机起作用，就好像远程打印机连接到本地计算机上一样。

（7）应用层

应用层包含利用网络服务的应用程序进程，以及这些进程与网络层进行通信的应用程序接口（API）。API 是一个标准的功能实用程序库，能用于下列应用程序类型。

1）标准的操作系统打包软件（如 Windows 的 Notepad，Wordpad 及 Explorer 等）：这些应用程序作为操作系统的一部分得到，但实际上并不是操作系统内部的一部分。

2）最终用户创建的应用程序（如 Visual FoxPro、Visual Basic、Java 及 Visual C 等）：这些应用程序由最终用户所创建。

3）第三方应用程序（如 Office 2000、WPS 2000 等）：它们是第三方创建的打包软件。

5．集线器

集线器（HUB）属于数据通信系统中的基础设备，它和双绞线等传输介质一样，是一种不需要任何软件支持或只需要很少管理软件管理的硬件设备，如图 1-5 所示。它被广泛应用到各种场合。集线器内部采用了电器互联，当维护 LAN 的环境是逻辑总线或环型结构时，

图 1-5　8 口集线器

完全可以用集线器建立一个物理上的星型或树型网络结构。在这方面，集线器所起的作用相当于多端口的中继器。其实，集线器实际上就是中继器的一种，其区别仅在于集线器能够提供更多的端口服务，所以集线器又叫多口中继器。

集线器有很多种类型。按结构和功能分类，集线器可分为未管理的集线器、堆叠式集线器和底盘集线器 3 类。

随着技术的发展，在局域网尤其是一些大中型局域网中，集线器已逐渐退出应用，而被交换机代替。目前，集线器主要应用于一些中小型网络或大中型网络的边缘部分。

6．交换机

交换机是网络连接的基础，有了交换机，就可以实现更多的计算机间的共享上网。常见交换机如图 1-6 所示。

图1-6　神州数码DCS-3950-28C交换机

（1）交换机的概念

在计算机网络系统中，交换概念的提出是对于共享工作模式的改进。我们介绍过的 HUB 集线器就是一种共享设备，HUB 本身不能识别目的地址，当同一局域网内的 A 主机给 B 主机传输数据时，数据包在以 HUB 为架构的网络上是以广播方式传输的，由每一台终端通过验证数据包头的地址信息来确定是否接收。也就是说，在这种工作方式下，同一时刻网络上只能传输一组数据帧，如果发生碰撞还需重试，这种方式就是共享网络带宽。

交换机拥有一条很高带宽的背部总线和内部交换矩阵。交换机所有的端口都挂接在这条背部总线上，控制电路收到数据包以后，处理端口会查找内存中的地址对照表以确定目的 MAC（网卡的硬件地址）的 NIC（网卡）挂接在哪个端口上，通过内部交换矩阵迅速将数据包传送到目的端口，目的 MAC 若不存在才广播到所有的端口，接收端口回应后交换机会"学习"新的地址，并把它添加到内部 MAC 地址表中。

使用交换机也可以把网络"分段"，通过对照 MAC 地址表，交换机只允许必要的网络流量通过交换机。通过交换机的过滤和转发，可以有效地隔离广播风暴，减少误包和错包的出现，避免共享冲突，如图 1-7 所示。

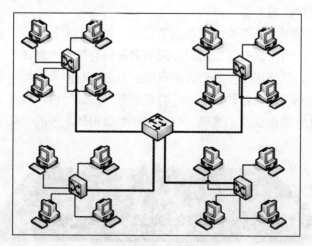

图1-7　交换机原理

交换机在同一时刻可以进行多个端口对之间的数据传输，如图 1-7 所示。每一端口都可视为独立的物理网段（注：非 IP 网段），连接在其上的网络设备独自享有全部的带宽，无须同其他设备竞争使用。假设这里使用的是 10Mbit/s 的以太网交换机，那么该交换机此时的总流通量就等于 2×10Mbit/s＝20Mbit/s，而使用 10Mbit/s 的共享式 HUB 时，一个 HUB 的总流通量也不会超出 10Mbit/s。

总之，交换机是一种基于 MAC 地址识别，能完成封装转发数据包功能的网络设备。交换机可以"学习"MAC 地址，并把其存放在内部地址表中，通过在数据帧的始发者和目标接收者之间建立临时的交换路径，使数据帧直接由源地址到达目的地址。

（2）交换机分类

从广义上来看，交换机分为两种：广域网交换机和局域网交换机。广域网交换机主要应用于电信领域，提供通信用的基础平台。而局域网交换机则应用于局域网络，用于连接终端设备，如 PC 及网络打印机等。

从传输介质和传输速度上可分为以太网交换机、快速以太网交换机、千兆以太网交换机、FDDI 交换机、ATM 交换机和令牌环交换机等。

从规模应用上又可分为企业级交换机、部门级交换机和工作组交换机等。

本书所介绍的交换机主要是指局域网中的以太网交换机。

7. 路由器

（1）路由器的基本概念

要解释路由器的概念，首先要介绍什么是路由。所谓"路由"，是指把数据从一个地方传送到另一个地方的行为和动作，而路由器，正是执行这种行为动作的机器，它的英文名称为 Router。路由器是使用一种或者更多度量因素的网络层设备，它决定网络通信能够通过的最佳路径。路由器依据网络层信息将数据包从一个网络转发到另一个网络。偶尔也称为网关（网关的定义现在已经过时）。

路由器是互联网络中必不可少的网络设备之一，如图 1-8 所示。它是一种连接多个网络或网段的网络设备，能将不同网络或网段之间的数据信息进行"翻译"，以使它们能够相互"读"懂对方的数据，从而构成一个更大的网络。路由器有两大典型功能，即数据通道功能和控制功能。数据通道功能包括转发决定、背板转发以及输出链路调度等，一般由特定的硬件来完成；控制功能一般用软件来实现，包括与相邻路由器之间的信息交换、系统配置、系统管理等。

图1-8   神州数码DCR-3705路由器

为了完成"路由"的工作，在路由器中保存着各种传输路径的相关数据——路由表（Routing Table），供路由选择时使用。路由表中保存着子网的标志信息、网上路由器的个数和下一个路由器的名字等内容。路由表可以是由系统管理员固定设置好的，也可以由系统动态修改，可以由路由器自动调整，也可以由主机控制。

在路由器中包括两个有关地址的名字，即静态路由表和动态路由表。由系统管理员事先设置好固定的路由表称为静态（Static）路由表，一般是在系统安装时就根据网络的配置情况预先设定的，它不会随未来网络结构的改变而改变。动态（Dynamic）路由表是路由器根据网络系统的运行情况而自动调整的路由表。路由器根据路由选择协议（Routing Protocol）提供的功能，自动学习和记忆网络运行情况，在需要时自动计算数据传输的最佳路径。

（2）路由器和交换机的区别

1）工作层次不同。最初的交换机是工作在 OSI/RM 开放体系结构的数据链路层，也就是第二层，而路由器一开始就设计工作在 OSI 模型的网络层。由于交换机工作在 OSI 的第二层（数据链路层），所以它的工作原理比较简单，而路由器工作在 OSI 的第三层（网络层），可以得到更多的协议信息，路由器可以做出更加智能的转发决策。

2）数据转发所依据的对象不同。交换机是利用物理地址或者说 MAC 地址来确定转发数据的目的地址。而路由器则是利用不同网络的 ID 号（即 IP 地址）来确定数据转发的地址。IP 地址是在软件中实现的，描述的是设备所在的网络，有时这些第三层的地址也称为协议地址或者网络地址。MAC 地址通常是硬件自带的，由网卡生产商来分配，而且已经固化到了网卡中，一般来说是不可更改的。而 IP 地址则通常由网络管理员或系统自动分配。

3）传统的交换机只能分割冲突域，不能分割广播域；而路由器可以分割广播域，如图 1-9 所示。

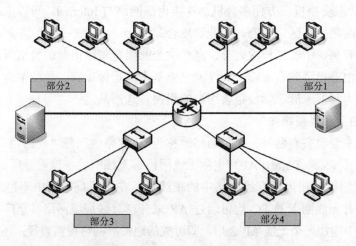

图1-9　路由器分割广播域

由交换机连接的网段仍属于同一个广播域，广播数据包会在交换机连接的所有网段上传播，在某些情况下会导致通信拥挤和安全漏洞。连接到路由器上的网段会被分配成不同的广播域，广播数据不会穿过路由器。虽然第三层以上交换机具有 VLAN 功能，也可以分割广播域，但是各子广播域之间是不能通信交流的，它们之间的交流仍然需要路由器。

4）路由器提供了防火墙的服务。

任务拓展

1. 集线器常见故障处理

对于最普通最廉价的星型拓扑结构来说，集线器（HUB）是心脏部分，一旦它出现问题，整个网络便无法工作，所以它的好坏对于整个网络来说都是相当重要的。

集线器（HUB）是局域网中用得最为普及的设备之一。一般情况下，它们为用户查找网络故障提供方便，如通过观察与 HUB 连接端口的指示灯是否发亮，可以判断网络连接是否正常。对于 10/100Mbit/s 自适应 HUB 而言，还可通过连接端口指示灯的不同颜色来判断被连接的计算机是工作在 10Mbit/s 状态下，还是 100Mbit/s 状态下。所以，在大多数应用场合，HUB 的使用是有利于网络维护的。但是，因为 HUB 的使用不当或自身损坏，都将给网络的连接带来问题。

2. 宽带路由器和路由器

宽带路由器是近几年来新兴的一种网络产品，它伴随着宽带的普及应运而生。宽带路由器在一个紧凑的箱子中集成了路由器中的 NAT、拨号、防火墙、带宽控制和管理等功能，具备快速转发能力，灵活的网络管理和丰富的网络状态等特点。多数宽带路由器针对中国宽带应用优化设计，可满足不同的网络流量环境，具备满足良好的电网适应性和网络兼容性。多数宽带路由器采用高度集成设计，集成 10/100Mbit/s 宽带以太网 WAN 接口、并内置多口 10/100Mbit/s 自适应交换机，方便多台机器连接内部网络与 Internet，可以广泛应用于家庭、学校、办公室、网吧、小区、政府、企业等场合。

宽带路由器有高、中、低档次之分，高档次企业级宽带路由器的价格可达上千元，而目前的低价宽带路由器已降到百元内，其性能已能基本满足像家庭、学校宿舍、办公室等应用环境的需求，成为目前家庭、学校宿舍用户的组网首选产品之一。

3."胖路由"和"瘦路由"

无线接入的主要设备有两种，可以通俗地称为"胖路由"与"瘦路由"。

无线接入点（Access Point，AP）也称无线网桥、无线网关，也就是所谓的"瘦路由"。此无线设备的传输机制相当于有线网络中的集线器，在无线局域网中不停地接收和传送数据；任何一台装有无线网卡的 PC 均可通过 AP 来分享有线局域网络甚至广域网络的资源。理论上，当网络中增加一个无线 AP 之后，即可成倍地扩展网络覆盖直径；还可以使网络中容纳更多的网络设备。每个无线 AP 基本上都拥有一个以太网接口，用于实现无线与有线的连接。

业界所谓的"胖路由"，其学名应该称之为无线路由器。无线路由器与纯 AP 不同，除无线接入功能外，一般具备 WAN、LAN 两个接口，多支持 DHCP 服务器、DNS 和 MAC 地址复制，以及 VPN 接入、防火墙等安全功能。

任务 2 认识局域网

任务分析

要让网络互联起来，就必须借助 ADSL、无线网络、局域网等方式进行连接。局域网作为一种既经济又实用的网络连接方式，正越来越受到大家的关注。

任务实战

使用 Visio 2010 绘制局域网拓扑结构图。

1. 任务环境

某公司下设有业务部和技术部，分别位于写字楼 5 楼的相邻两个房间，每个房间使用面积约 $100m^2$，采用静电地板下布线。员工共有 18 人，每人配备计算机接入互联网开展业务，涉及了解市场商品信息和收发邮件，另有文件服务器和网络打印机仅供局域网内部使用。请绘制出该网络的拓扑结构图。

2. Visio 软件介绍

1）认识 Visio 软件主界面，如图 1-10 所示。

2）进入 Visio 软件自带的入门教程，如图 1-11 所示。

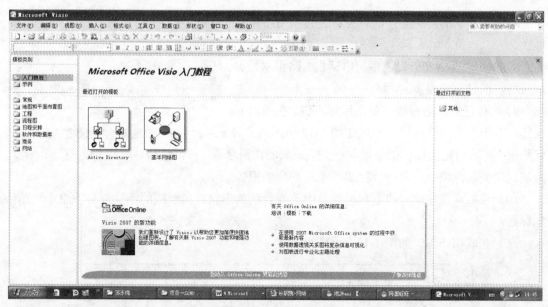

图1-10　Visio软件主界面

运行 Visio 2010 软件，在打开的如图 1-11 所示主界面窗口中选择"帮助"菜单下的"Microsoft Office Visio 帮助"，可根据内容自行学习。

3. 使用 Visio 绘制拓扑图

1）运行 Visio 2010 软件，在打开的主界面的窗口左边"模板类别"列表中选择"网络"选项，即可绘制网络拓扑图（或在"文件"菜单上，选择"新建"→"网络"→"基本网络图"也可）。

2）在"绘图"工具栏中选择"铅笔"工具或"线条"工具 （如果看不到"绘图"工具栏，可单击"常用"工具栏上的"绘图工具"菜单项。），指向希望线条开始的位置，拖动以绘制该线条。

3）选择所绘制的线条并单击鼠标右键，在弹出的快捷菜单中选择"格式"→"线条"菜单项，即可修改线条的粗细及颜色等。

图 1-11　Visio 帮助

4）根据"绘制线条"的方法，完成建筑平面框架。

5）在左边的形状窗口中，从"网络和外设"上，将"以太网"形状拖到绘图页上。

6）从"计算机和显示器"和"网络和外设"中，将相关的网络设备形状拖到绘图页上，形状有选择手柄 ，可拖动一个选择手柄直到形状的大小符合要求为止。要成比例地调整形状的大小，可拖动角部手柄。

13

7)使用形状的内置连接线将设备连接到网络拓扑形状。

8）使用"网络和外设"中的电话机、路由器，实现网络外部设备的连接。

9）选择任意网络形状并单击鼠标右键，在弹出的快捷菜单中单击属性按钮，出现如图 1-12 所示的"形状数据"可将自定义属性值与形状相关联，如制造商名称、产品编号、房间、IP 地址等信息。添加自定义属性值后，就可以生成基于这些值的报告。

图 1-12　自定义"形状数据"属性

10）最后，在左边"边框和标题"中选择合适的形状，向绘图的不同部分或整个绘图添加标题。

11）完成拓扑图，如图 1-13 所示。

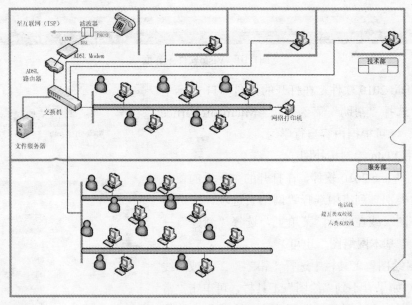

图1-13　局域网拓扑结构图

相关知识

1. 广域网和局域网

通常，我们可以将网络简单地分为广域网（WAN）和局域网（LAN）两大类。它们的含义如下：

（1）广域网

广域网从广义上讲，就是将远距离的网络和资源连接起来的网络，它可以通过电话线或卫星等方式进行网络连接。Internet 就是一种最典型的广域网络。

什么是 Internet 呢？Internet 的中文名就是常说的互联网。起先，很多大型的公司、大学、研究所等机构通过把内部的计算机联接成网络，实现了最初的资源共享，这也就是最初的局域网。当多台计算机不再需要软盘进行数据复制时，团队合作的效率得到了极大提高，网络的优势看起来非常明显。于是，人们就想到，为什么不在更大的范围内共享资源呢？很快，许许多多的局域网就通过各种方法互相连接起来，它们的数据可以在国际之间进行传递，进而形成了一个世界范围内的大型网络，这就是 Internet。

（2）局域网

局域网（Local Area Network，LAN）指的是在一定距离内，将一组计算机连接起来的通信网络。局域网可以按照不同的标准划分为不同的类型。以其应用目的划分的话，可以分为家庭网、企业办公网、校园网等。

2．网络拓扑结构

（1）总线型结构（见图 1-14）。

总线结构是指各工作站和服务器均挂在一条总线上，各工作站地位平等，无中心节点控制，公用总线上的信息多以基带形式串行传递，其传递方向总是从发送信息的节点开始向两端扩散，如同广播电台发射的信息一样，因此又称广播式计算机网络。各节点在接受信息时都进行地址检查，看是否与自己的工作站地址相符，相符则接收网上的信息。

总线型结构的网络特点是结构简单，可扩充性好。当需要增加节点时，只需要在总线上增加一个分支接口便可与分支节点相连，当总线负载不允许时还可以扩充总线；使用的电缆少，且安装容易；使用的设备相对简单。不足之处就是维护难，分支节点故障查找烦琐。

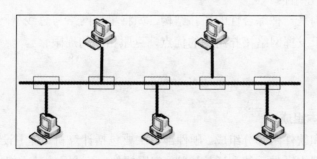

图1-14　总线型结构拓扑

（2）星型结构（见图 1-15）。

星型结构的网络有中央节点，工作站和服务器都与中央节点直接相连，这种结构的优点是结构简单、便于管理；控制简单、便于建网；网络延迟时间较小，传输误差较低；工作站出现故障时，不会影响整个网络等。因此，星型拓扑结构是目前使用最多的 LAN 结构。

星型拓扑结构的中央节点通常是由 HUB（集线器）或交换机来管理的，因此 HUB 或交换机出现问题时，将会引起整个网络的瘫痪。

（3）环型拓扑结构（见图 1-16）。

环型结构由网络中若干节点通过点到点的链路首尾相连形成一个闭合的环，这种结构使公共传输电缆组成环型连接，数据在环路中沿着一个方向在各个节点间传输。

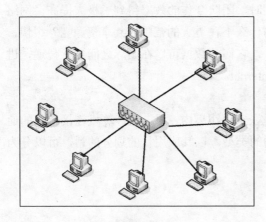

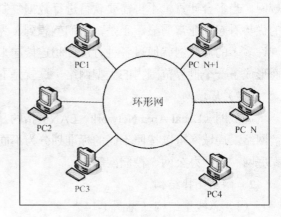

图1-15 星型结构   图1-16 环型拓扑结构

环型结构具有如下特点：信息流在网中是沿着固定方向流动的，两个节点仅有一条道路，故简化了路径选择的控制；环路上各节点都是自举控制，故控制软件简单；由于信息源在环路中是串行地穿过各个节点，当环中节点过多时，势必影响信息传输速率，使网络的响应时间延长；环路是封闭的，不便于扩充；可靠性低，一个节点故障，将会造成全网瘫痪；维护难，对分支节点故障定位较难。

（4）混合型拓扑结构

混合型拓扑结构是一种综合性的拓扑结构，如将星型网络与总线型网络相结合的拓扑结构。这种网络有利于发挥网络拓扑结构的优点，克服相应的局限。

任务拓展

1. 局域网的基本组成

局域网由硬件和软件两部分组成。硬件部分主要包括计算机、外围设备、网络互连设备；软件部分主要包括网络操作系统和通信协议、应用软件。局域网的基本组成，如图1-17所示。

1）工作站：英文名称为 Workstation，是一种以个人计算机和分布式网络计算为基础，面向专业应用领域，具备强大的数据运算与图形、图像处理能力，满足工程设计、动画制作、科学研究、软件开发、金融管理、信息服务、模拟仿真等专业而设计开发的高性能计算机。工作站通常是指连接到网络的计算机，它对用户数据进行实时处理，是用户和网络之间的接口。用户可以通过工作站请求获取网络服务，网络服务器则把处理结果返回给工作站上的用户。

根据软、硬件平台的不同，工作站一般分为基于 RISC（精简指令系统）架构的 UNIX系统工作站和基于 Windows、Intel 的 PC 工作站。根据体积和便携性，也可把工作站分为台式工作站和移动工作站。

图1-17 局域网的基本组成

2）服务器：当一台连入网络的计算机向其他计算机提供各种网络服务（如数据、文件的共享等）时，就被叫做服务器。服务器是整个网络系统的核心，它为网络用户提供服务并管理整个网络。

随着局域网功能的不断增强，根据服务器在网络中所承担的任务和所提供的功能不同，可把服务器分为文件服务器、打印服务器和通信服务器3种。文件服务器能将大量的磁盘存储区划分给网络上的合法用户使用，接收客户机提出的数据处理和文件存取请求；打印服务器接收客户机提出的打印要求，及时完成相应的打印服务；通信服务器负责局域网与局域网之间的通信连接功能。局域网中，最常用的是文件服务器。

局域网中至少要有一台服务器。在实际网络中，不同服务器的功能用不同的微机来提供，也可以用一台高档微机或小型机同时提供不同的网络服务。

3）外围设备：外围设备主要提供网络共享资源，如共享输入输出设备、网络打印机。

4）网络互连设备。

5）传输介质。

2. 局域网的特点

从应用角度看，局域网具有以下4个方面的特点：

1）局域网覆盖有限的地理范围，计算机之间的连网距离通常小于10km。适用于校园、机关、公司、工厂等有限范围内的计算机、终端及各类信息处理设备连网的需求。

2）数据传输速率高（10～100～1000Mbit/s），误码率低。

3）决定局域网特性的主要技术要素为拓扑结构、传输介质和介质访问控制方法。

4）局域网一般属于一个单位所有，工作站数量不多，一般在几台到几百台左右，易于建立、管理与维护。

3．绘制网络拓扑结构图的注意事项

通过绘制网络拓扑结构图，可以帮助大家清晰地了解一个网络的整体结构，但是绘制拓扑结构图需注意以下几点，否则也看不懂绘制的拓扑结构图。

1）使用正确的连接设备。

2）连接介质使用直线。

3）注明设备品牌和型号。

4）对设备和连接介质做好标注。

5）不同的建筑物之间用虚线框区分。

6）结构清晰。

 **项目测试**

1．填空题

1）网络从组成结构来说就是通过_____、_____或_____互联的计算机的集合。

2）总线型结构是指各工作站和服务器均挂在_____上，各工作站_____，无中心节点控制，公用总线上的信息多以_____，其传递方向总是从发送信息的节点开始向两端扩散，如同广播电台发射的信息一样，因此又称_____。

3）星型结构网络中各工作站以星型方式连接，网络有_____（小型网络中一般是_____或者_____），其他节点（工作站、服务器）都与中央节点直接相连，这种结构以中央节点为中心辐射，因此又称为_____。

4）局域网指的是_____和其他设备，在_____相隔不远，以允许用户_____和共享诸如_____之类的计算机资源的方式互连在一起的系统。

2．选择题

1）下列哪项描述与总线型网络结构不符。____

A．各工作站地位平等

B．各工作站地位平等，无中心节点控制

C．总线上的信息传递总是从发送信息的节点开始向两端扩散

D．总线型网络又称集中式网络

2）下列哪项描述与星型结构网络不符。____

A．星型网络又称广播式计算机网络

B．星型结构各工作站以星型方式连接

C．网络有中央节点

D．其他节点都与中央节点直接相连

3）目前常用的局域网连接设备有＿＿＿。

A．交换机　　　　　　　　　　B．USB 线

C．光缆　　　　　　　　　　　D．水晶头

4）计算机网络按网络节点分布可分为＿＿＿、＿＿＿和＿＿＿。

A．局域网　　　　　　　　　　B．广域网

C．城域网　　　　　　　　　　D．互联网

3．简答题

1）计算机网络可以提供的主要功能是什么？

2）局域网由哪些部分组成？

3）局域网常见的拓扑结构有哪些？

4）交换机的工作原理是什么？

4．操作题

判断周边网络环境的网络类型并绘制网络拓扑图。

项目2 设置单机连网

计算机的普及，让大家的生活方式发生了翻天覆地的变化，而互联网也已经不知不觉进入到我们的生活，并成为了生活中一个重要的"工具"。小李也想在家里方便地上网，为此新买了一台计算机，但怎样才能使这台计算机连上互联网呢？

1）了解常见的传输介质。
2）了解网卡的作用和分类。
3）掌握网线的制作标准。
4）了解操作系统及其安装方式。
5）了解接入 Internet 的方式。

1）能够熟练制作网线并测试。
2）能够安装操作系统和驱动程序。
3）能够安装和设置 ADSL 宽带连接。

任务1 设置单机连网的硬件准备

任务分析

俗话说"巧妇难为无米之炊"，想要完成单机连网，一些必备的硬件是不可缺少的，比如网线和网卡。

任务实战

1. 网线的制作

在搭建网络的时候，网线（双绞线）的制作是一大重点。根据不同的连接环境，需要使用到不同的网线，因此就需要组建者自己制作。而如果在制作过程中发生错误，则会导致最终组建的网络使用不畅或无法使用。因此，网线的制作是大家需要重点掌握的一方面。

（1）准备制作工具

压线钳是网线制作中必需的一类工具，如图 2-1 所示。压线钳不仅仅用于压制网线，它同时还可以实现剪线、剥线和压线等制作任务。

从产品的外观图可以看到，在压线钳的最顶部是压线槽，压线槽提供了 3 种类型的线槽，我们常用到的就是中间的 RJ-45 压线槽；在 RJ-45 压线槽的背面还可以看到呈齿状的模块，主要是用于把水晶头上的 8 个触点压制在网线上。

（2）准备制作材料。

制作材料方面主要是准备好双绞线、双绞线的连接头（水晶头）以及必要的铺设辅助材料。

1）选择双绞线。双绞线一般分为 3 类、4 类、5 类、超 5 类等几种，由于 5 类线主要是针对 100Mbit/s 网络而且可以向下兼容 10Mbit/s 的网络标准，因此其最适合一般网络使用。

5 类双绞线主要是由 4 对 8 根线组成的数据传输介质，它通常和 RJ-45 水晶头搭配使用，而 UTP（非屏蔽双绞线）和 STP（屏蔽双绞线）相比，由于其价格便宜而且质量可靠，因此目前被广泛使用。

2）选择水晶头。在所有的网络产品中，水晶头应该是最小的设备，但其作用却十分重要。它负责网线到网络设备或是到计算机的最终连接，起到真正的"桥梁"作用。外观如图 2-2 所示。

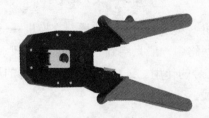

图2-1　压线钳产品外观

图2-2　水晶头外观

质量好的水晶头用手指拨动弹片会听到铮铮的声音，将弹片向前拨动到 90°，弹片也不会折断，而且会恢复原状并且弹性不会改变；另外，将做好的水晶头插入交换设备或者网卡时能听到清脆的"咔"响声。

（3）认识网线制作规范

有了以上制作工具及材料后，还不能马上开始制作。因为网线制作是有一定规范的。

单个水晶头的制作需按照 EIA/TIA568B 或 EIA/TIA568A 进行，见表 2-1。

表 2-1　EIA/TIA568B 和 EIA/TIA568A 标准

线序	1	2	3	4	5	6	7	8
EAI/TIA568B	白橙	橙	白绿	蓝	白蓝	绿	白棕	棕
EAI/TIA568A	白绿	绿	白橙	蓝	白蓝	橙	白棕	棕

而对于网线来说，网线的制作规范（标准）有以下两个分类：

1）直通线制作法。即双绞线的两端芯线要一一对应，如果一端的第 1 根为白橙色，另一端的第 1 根也必须为白橙色的芯线，这样做出来的双绞线通常称之为"直通线"，也叫"直连线"，如图 2-3 所示。直通线的适用范围：集线器（交换机）的级连；服务器←→集线器（交换机）；集线器（交换机）←→计算机。

如果是计算机与 ADSL Modem 的连接，就应使用直通线。

2）交叉线制作法。其排列规则是：网线一端的第 1 脚连另一端的第 3 脚，网线一端的第 2 脚连另一头的第 6 脚，其他脚一一对应即可。这种排列做出来的通常称之为"交叉线"，如图 2-4 所示。

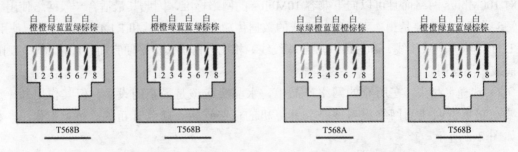

图2-3　直通线规范图　　　　　图2-4　交叉线规范图

交叉线的一般适用范围：计算机←→计算机；集线器←→集线器；交换机←→交换机。

虽然双绞线有 4 对 8 条芯线，但实际上在网络中一般只用到其中的 4 条，即水晶头的第 1、第 2 和第 3、第 6 脚，它们分别起着收、发信号的作用。交叉线正是基于这样的原理出发。如果是交换机与交换机的连接，就应使用交叉线。

（4）开始制作网线

经过上述的准备之后，即可开始动手制作了。

步骤 1：用压线钳的剥线刀口将 5 类线的外保护套管划开（操作时应轻握工具钳把手并以双绞线为圆心旋转半圈即可，并注意不要将里面的双绞线的绝缘层划破）；刀口距 5 类线的端头至少 3cm 以方便后面的制作，如图 2-5 所示。

步骤 2：另外，在剥去外壳后应首先检查是否伤到里面的线对。当发现线对上面有划痕时，就应该从划痕处剪断，再重新剥除双绞线外壳。因为传送的数据是在双绞线的导线表面传输，一旦导线表面受到损伤就有可能影响传输速率。

步骤 3：露出 5 类线电缆中的 4 对双绞线后，按照前面介绍的网线制作规范将 4 对线缆进行重新排列并剪齐，如图 2-6 和图 2-7 所示。

步骤 4：接着便把排列整齐的八根绝缘线顺着 RJ-45 水晶头的线槽一直推到底为止。注意线对的外保护层最后应能够在 RJ-45 插头内的凹陷处被压实，如图 2-8 所示。

步骤 5：最后将网线头放入网线钳上的插座，然后用力压紧，使网线头尾部紧扣在网线的外皮上，如图 2-9 所示。这样一压的过程使得水晶头凸出在外面的针脚全部压入水晶头内，受力之后听到轻微"啪"一声即表示到位。

图2-5　划开双绞线保护套管

图2-6　重新排列双绞线各线对

图2-7　剪齐线对

图2-8　将排列好的线对插入水晶头

步骤 6：至此，一根完整的网线即制作完成，如图 2-10 所示。

图2-9　压紧水晶头

图2-10　制作好的网线

2. 网线的测试

为了保证制作的网线能够正常使用，通常情况下在连接设备之前还应对其进行连通性测试。其中就要使用到专门的"网线测试仪"，如图 2-11 所示。通常这类测试仪都非常小巧，大小跟一个钱包差不多，设备主体分两个部分，中间可以安装和拆卸。

从测试仪的正面上可以看到左右各有 10 个灯，这些指示灯对应的是连接网线的线序。如果是对普通五类或超五类双绞线进行测试，则只需要关注前 8 个灯即可。其实际的测试应用主要包括以下两个方面：

（1）测试双绞线制作规范

将网线插在两个 RJ-45 接口上后打开电缆测试仪开关，之后会发现两边的灯会依次闪烁，这是因为测量时，网线测试仪会依次检测网线各个线序对应的连通性。如果左右两边闪烁顺序相同都是 1、2、3、4、5、6、7、8，说明当前测试的网线是直通线；如果左边是依照 1、2、3、4、5、6、7、8 顺序闪亮而右边是按照 3、6、1、4、5、2、7、8 顺序闪亮，则说明测试的网线是交叉线。

（2）测试网线连通性

连接好网线后，如果左右两边的测试灯按顺序依次亮起，则表示此线制作正确；如果左边主体闪烁到某一个灯时右边没有闪烁则说明问题出在该线序上，中间有断开的现象或是未完全插入水晶头中。

3. 网卡硬件安装

现在大多数主板都集成了网卡，不用特别进行硬件安装，如果需要的话，可以打开机箱，将网卡插入主板上对应的插槽，然后固定网卡。如图 2-12 所示，就是 PCI 网卡插入主板的 PCI 插槽。

图2-11　网线测试仪产品外观

图2-12　网卡硬件安装

相关知识

1. 网络传输介质

网络传输介质是指在网络中传输信息的载体，常用的传输介质分为有线传输介质和无线传输介质两大类。

1）有线传输介质是指在两个通信设备之间实现的物理连接部分，它能将信号从一方传输到另一方，有线传输介质主要有双绞线、同轴电缆和光纤。双绞线和同轴电缆传输电信号，光纤传输光信号。

2）无线传输介质是指我们周围的自由空间。我们利用无线电波在自由空间的传播可以实现多种无线通信。在自由空间传输的电磁波根据频谱可将其分为无线电波、微波、红外线、激光等，信息被加载在电磁波上进行传输。

2. 双绞线（Twisted-Pair）

这是网络中最常用的电缆，可以传送信号约 100m，其最简单的形式是两条绕在一起的彼此绝缘的铜线。双绞线有两种类型：

1）非屏蔽的双绞线（UTP，Unshielded Twisted-Pair），它是目前最流行的电缆，如图 2-13 所示。

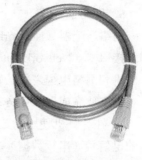

1 类——1Mbit/s 数据传输率，指传统的电话线。

2 类——4Mbit/s 数据传输率。

3 类——10Mbit/s 以太网的标准缆线。

4 类——16Mbit/s 数据传输率。

5 类——提供 100MHz 的带宽，目前常用在快速以太网

（100Mbit/s）中。

图 2-13　UTP 双绞线

超 5 类——提供 100MHz 的带宽，目前常用在快速以太网及千兆以太网（1Gbit/s）中。

6 类线——提供 250MHz 的带宽，比 5 类与超 5 类高出一倍半。

超 6 类——产品传输带宽介于 6 类和 7 类之间，提供 500MHz 的带宽。

7 类线——带宽为 600MHz，可能用于今后的 10 吉比特以太网。

UTP2 至 5 类线都由 4 对双绞线组成，共 8 根线，使用 RJ-45 连接插头；而 UTP1 类线只有一对双绞线，使用 RJ-11 连接插头。

2）屏蔽的双绞线（STP，Shielded Twisted-Pair），如图 2-14 所示。

与 UTP 相比，STP 多了一层铝制的屏蔽层，增强了抗电磁干扰的特性（EMI），对于内部绞线的要求也就更高。因此，STP 比 UTP 而言，传输速率更高，也更可靠。STP 通常为 APPLE 和 IBM 公司的专用系统采用，在这种系统中连接 STP 的接头不是 UTP 的 RJ-45 而是质量更好的专用器件。

3．同轴电缆（Coaxial）

同轴电缆一般由缆芯、绝缘层、金属屏蔽网和外层覆盖物组成，也是一种广泛使用的电缆，如图 2-15 所示。它相对其他几种介质比较便宜，且安装方便，易于使用，受到普遍欢迎。同轴电缆的缆芯传输组成数据的电子信号，该金属缆芯可以是实体的（通常为铜芯），也可以是线束芯。同轴电缆有两种类型：细缆（Thinnet）和粗缆（Thicknet）。

图 2-14　STP 双绞线　　　　图 2-15　同轴电缆

4．光纤（Fiber-Optic）

光纤由玻璃导芯、外包的玻璃同心层以及保护外壳组成。光纤以光脉冲形式传输数字信号，因为光纤不传输电脉冲，信号不会被窃听，也不受电子信号的干扰，所以有利于安全、可靠、高速的大容量数据传输。

5. 网络适配器

网络适配器（Network Adapter）也称为网卡，或网络接口卡（Network Interface Card，NIC），是用作计算机和网络电缆之间的物理接口，如图 2-16 所示。

它主要完成以下任务：

1）在计算机使用的数据（并行数据）和电缆上传输的电信号（串行数据）之间提供数据转换的功能。

图 2-16　网卡

2）判断从电缆接收的数据是否为传输给该计算机的数据。

3）在计算机和电缆之间控制数据流。每块网卡都有一个全球唯一的地址标识，叫做物理地址或媒体访问控制地址（MAC）。MAC 地址由 6 段组成，通常被表示为 12 个十六进制数，如 00-90-27-8F-CB-C7。

6. 网卡的分类

（1）按总线接口类型分

按网卡的总线接口类型来分一般可分为 ISA 接口网卡、PCI 接口网卡以及在服务器上使用的 PCI-X 总线接口类型的网卡。笔记本电脑所使用的网卡有的是 PCMCIA 接口类型的，另外还有 USB 总线接口网卡。

（2）按网络接口划分

除了可以按网卡的总线接口类型划分外，我们还可以按网卡的网络接口类型来划分。网卡最终是要与网络进行连接，所以也就必须有一个接口使网线通过它与其他计算机网络设备连接起来。不同的网络接口适用于不同的网络类型，目前常见的接口主要有以太网的 RJ-45 接口、细同轴电缆的 BNC 接口和粗同轴电缆 AUI 接口、FDDI 接口、ATM 接口等。而且有的网卡为了适用于更广泛的应用环境，提供了两种或多种类型的接口，如有的网卡会同时提供 RJ-45 接口、BNC 接口或 AUI 接口。

（3）按带宽划分

随着网络技术的发展，网络带宽也在不断提高，但是不同带宽的网卡所应用的环境也有所不同，目前主流的网卡主要有 10Mbit/s 网卡、100Mbit/s 以太网卡、10Mbit/s/100Mbit/s 自适应网卡、1000Mbit/s 千兆以太网卡 4 种。

（4）按网卡应用领域划分

如果根据网卡所应用的计算机类型来分，我们可以将网卡分为应用于工作站的网卡和应用于服务器的网卡。前面所介绍的基本上都是工作站网卡，其实通常也应用于普通的服务器上。但是在大型网络中，服务器通常采用专门的网卡。它相对于工作站所用的普通网卡来说在带宽（通常在 100Mbit/s 以上，主流的服务器网卡都为 64 位千兆网卡）、接口数量、稳定性、纠错等方面都有比较明显的优势。还有的服务器网卡支持冗余备份、热拔插等服务器专用功能。

任务拓展

网卡选购的几个要点

（1）网卡的材质和制作工艺

1）网卡属于电子产品，与其他电子产品一样，它的制作工艺也主要体现在焊接质量、板面光洁度。另一方面就是网卡的板材了，相当于电子产品的元器件材质，可想而知板材的重要性。目前比较好一点的板材通常采用喷锡板，而劣质网卡在电路板选材上选用非喷锡板材（当然更不会是镀金板材了，通常就是直接清洗的铜板颜色也是黄的，叫画金板）。这一点在电路板露出的板材之处可以明显地用肉眼区分开来，喷锡板板材裸露部分为白色，而劣质网卡为黄色。优质网卡的电路板焊点大小均匀、焊脚干净、焊接质量良好；而一般网卡会出现堆焊或虚焊等现象，焊接点看上去很不均匀，有时可以看见细小的气眼。

2）需要看一下网卡的布线，这一点对于非专业的人士来说比较困难，但对于有一点电子知识的人来说应是非常容易看出来的。一般为了取得理想的数据传输效果，减少数据传输的不安全因素，网卡在布线方面应作充分的优化，通过合理的设计缩短各个线路长度的差别和过孔的数量，同时因为网卡上大部分走线为信号线，在布线上遵循信号线和地线之间回路面积最小的原则，大大减小了信号之间串扰的可能性。劣质网卡在布线上常常不合理，线路的长度差距很大，而且过孔数量较多，这样的网卡容易造成信号传输的偏差，可靠性很差，而且会影响到系统的稳定性。

3）网卡所采用的晶振，好一点的网卡通常采用高精度的 SKO25MHz 的晶振，这样可靠保证了数据传输的精确同步性，大大减少了丢包的可能性。并且在线路的设计上尽量使晶振靠近主芯片，使信号走线的长度大大缩短，可靠性进一步增加。而劣质网卡选用的晶振体积很小，这样因频率的准确性不高，极易造成传输过程中的数据丢包的情况。

4）由于网卡上的元器件因网卡体积本身较小，所以除了电解电容以及高压瓷片电容以外的其他阻容器件应全部采用 SMT 贴片式元件，贴片元件比插件的可靠性要高出许多。而且电路的体积大大减小，使散热效果更加理想。最重要的一点是贴片元件在焊接工艺中采用贴片机波峰焊接，从而使焊点的质量有非常可靠的保证。在电解电容的使用上，就全部采用 Canicen 耐热 105° 以上的铝电解电容，只有这样才能充分满足各种滤波环境的需要，使其性能更加卓越。

5）最后就是板材的面积选择了，很多网卡为了降低成本，选用了 12cm×4cm 以下的小号电路板（质量较好的应选用 12cm×6cm 的大板），这在很大程度上影响了整个网卡在布局上的合理性，很容易导致为节约成本而牺牲稳定性的恶果。还有网卡金手指就选用镀钛金，这样保证了反复插拔时的可靠接触。同时，信号走线转弯处的角度使用 45°，节点处为圆弧型设计，既增大了自身的抗干扰能力，又可减少对其他设备的干扰；而劣质网卡金手指大多采用非镀钛金，节点也为直角转折，影响信号传输的性能。

（2）选择恰当的品牌

如果你是为较大型的企业网络购买网卡，建议网卡的选择不应贪图便宜，不要随便购买几十元一块的网卡，最好购买信誉较好的名牌产品。当然这里所指的名牌，也并不是说一定要买 3COM、Intel、D-Link、Accton 之类的一线大牌，国产较好信誉的品牌也是不错的选择。

（3）根据网络类型选择网卡

由于网卡种类繁多，不同类型的网卡其使用环境也不一样。因此，大家在选购网卡之前，最好应明确所选购网卡使用的网络及传输介质类型、与之相连的网络设备带宽等情况。目前在市场上的网卡根据连接介质的不同，基本上可以分为粗缆网卡（AUI 接口）、细缆网卡（BNC接口）及双绞线网卡（RJ-45 接口）。如果是以双绞线为传输介质的则要选用 RJ-45 接口类型的网卡；如果传输介质是细同轴电缆的则要选用 BNC 接口类型的网卡；如果是采用粗同轴电缆的话则要求选用 AUI 接口的网卡。还有 FDDI 接口类型的网卡、ATM 接口类型的网卡，它们分别是用于对应的网络，这一点可以参见前面的网卡的分类介绍。

网卡除了按上面接口来划分外还有带宽的不同，基本上可分为 10Mbit/s 网卡、100Mbit/s网卡、10/100Mbit/s 自适应网卡和 1000Mbit/s 网卡。一般个人用户和家庭组网时因传输的数据信息量不是很大，主要选择 10Mbit/s 和 10Mbit/s/100Mbit/s 自适应网卡。不过现在市场上10Mbit/s 网卡已逐步被淘汰，而 10Mbit/s/100Mbit/s 自适应网卡由于采用了"自动协商"管理机制，可以根据相连网卡的速率自动设定网卡速度，因而可升级性较强，因此这种10Mbit/s/100Mbit/s 自适应网卡在目前的网卡市场中占有很大的市场份额。如果局域网传输信息量很大或者考虑到以后的升级，100Mbit/s 网卡是一个不错的选择，而且它也是今后发展的必然趋势。要注意的一点是与网卡相连的各网络设备在速度参数方面必须保持兼容性才能正常工作。

（4）根据计算机插槽总线类型选购网卡

由于网卡是要插在计算机的插槽中的，这就要求所购买的网卡总线类型必须与装入机器的总线相符。总线的性能直接决定从服务器内存和硬盘向网卡传递信息的效率。与CPU 一样，影响硬件总线性能的因素也有两个：数据总线的宽度和时钟速度。网卡按总线类型，可以分为 PCI 网卡、ISA 网卡、EISA 网卡及服务器 PCI-X 总线网卡。因 16 位总线的 ISA 插槽在目前新计算机主板上已经基本不见了，所以完全没必要选择 ISA 接口的网卡（事实上除了二手的，市场上基本上没有 ISA 接口的网卡）；目前主流的是 PCI 接口的网卡。如果要细分的话，还可查看网卡所支持的 PCI 总线标准版本，当然是版本越高，性能越好。

（5）根据使用环境选购网卡

为了能使选择的网卡与计算机协同高效地工作，我们还必须根据使用环境来选择合适的网卡。例如，如果购买了一块价格昂贵、功能强大、速度快捷的网卡，安装到一台普通的工作站中，可能就发挥不了多大作用，这样就造成了资源的很大浪费和闲置。相反，如果在一台服务器中，安装一只性能普通、传输速度低的网卡，就很容易会产生瓶颈现象，从而会抑制整个网络系统的性能发挥。

任务 2　设置单机连网的软件准备

任务分析

要想使用计算机进行连网，除了有硬件准备外，软件的准备也是必不可少的。首先要安装的软件就是系统软件，即操作系统，其次需要正确安装网卡驱动。通过本任务的实战练习，就会对这些操作了如指掌。

任务实战

1．Windows XP 的安装

本任务利用"Windows XP Professional 简体中文版安装光盘来给计算机进行操作系统的全新安装。开始安装 Windows XP 之前，为保证安装的顺利和成功，必须保证硬件符合表 2-2 所示的最低要求。

表 2-2　Windows XP 硬件配置最低要求

硬　件	配　置
处理器（CPU）	时钟频率为 233MHz 以上
内存（RAM）	128MB RAM 或更高（最低支持 64MB，可能会影响性能和某些功能）
硬盘	至少 1.5GB 可用硬盘空间
显示器和监视器	640×480 或分辨率更高的视频适配器和监视器
其他设备	CD-ROM 或 DVD 驱动器，键盘和 Microsoft 鼠标或兼容的指针设备

步骤 1：在 BIOS 中设置光驱优先启动。

对于一台新计算机，要开始安装系统，往往首先要将系统启动顺序设置为由安装盘启动，等系统完成后，再将第一启动盘设置为硬盘启动。

进入 BIOS 设置程序一般采用在启动计算机时按下特定键进入的方法，非常简单。不同类型的微机系统可能会有不同的热键设置，但在屏幕上通常会给出提示。以 Phoenix BIOS 为例，启动计算机后按下<Del>键，可以进入 Phoenix BIOS 设置程序的界面，然后选中"Boot"选项，这里将 "CD-ROM Drive"设为第一启动项，如图 2-17 所示。那么该系统的启动顺序为先检测光盘，如果光盘有启动文件，即可进行光盘启动。

步骤 2：开机后，将 Windows XP 安装光盘放入光驱，出现如图 2-18 所示的界面。

步骤 3：按<Enter>键，确认要安装 Windows XP，如图 2-19 所示。

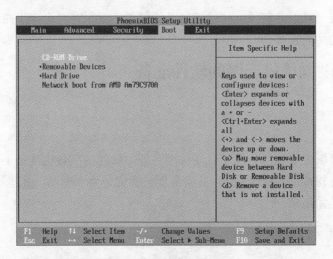

图2-17　设置启动顺序

Windows Setup
==============

Setup is loading files (Windows Executive)...

图2-18　进入安装界面

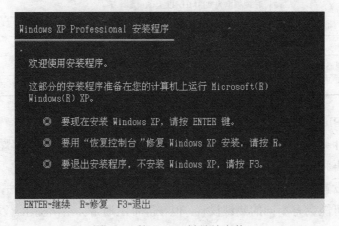

图2-19　按<Enter>键继续安装

步骤4：阅读并接受许可协议，按<F8>键，同意安装，如图 2-20 所示。

步骤5：提示用户可使用的硬盘空间，按<C>键，开始对未划分的空间进行分区，如图 2-21 所示。

步骤6：输入欲分配给系统的容量，单位为 MB。按<Enter>键，如图 2-22 所示。

第一分区创建完成后，接下来可以创建扩展分区，方法与创建第一分区基本相同。

```
Windows XP 许可协议

Microsoft Windows XP Professional

最终用户许可协议

重要须知-请认真阅读:本最终用户许可协议(《协议》)
是您(个人或单一实体)与 Microsoft Corporation 之间有
关上述 Microsoft 软件产品的法律协议。产品包括计算机软
件,并可能包括相关介质、印刷材料、"联机"或电子文档、
和基于 Internet 的服务("产品")。本《协议》的一份
修正条款或补充条款可能随"产品"一起提供。您一旦安装、
复制或以其它方式使用"产品",即表示您同意接受本《协
议》各项条款的约束。如果您不同意本《协议》中的条款,
请不要安装或使用"产品";您可将其退回原购买处,并获
得全额退款。

1. 许可证的授予。Microsoft 授予您以下权利,条件是您
遵守本《协议》的各项条款和条件:

* 安装和使用。您可以在一台诸如工作站、终端机或其

F8=我同意  ESC=我不同意  PAGE DOWN=下一页
```

图2-20 阅读协议并同意安装

```
Windows XP Professional 安装程序

以下列表显示这台计算机上的现有磁盘分区
和尚未划分的空间。

用上移和下移箭头键选择列表中的项目。

  ◎  要在所选项目上安装 Windows XP,请按 ENTER。

  ◎  要在尚未划分的空间中创建磁盘分区,请按 C。

  ◎  删除所选磁盘分区,请按 D。

┌─────────────────────────────────────────┐
│ 20474 MB Disk 0 at Id 0 on bus 0 on atapi [MBR] │
│    未划分的空间                    20473 MB │
│                                           │
└─────────────────────────────────────────┘

ENTER=安装  C=创建磁盘分区  F3=退出
```

图2-21 对未划分的空间进行分区

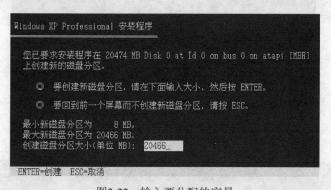

```
Windows XP Professional 安装程序

您已要求安装程序在 20474 MB Disk 0 at Id 0 on bus 0 on atapi [MBR]
上创建新的磁盘分区。

  ◎  要创建新磁盘分区,请在下面输入大小,然后按 ENTER。

  ◎  要回到前一个屏幕而不创建新磁盘分区,请按 ESC。

最小新磁盘分区为      8 MB。
最大新磁盘分区为 20466 MB。
创建磁盘分区大小(单位 MB): 20466_

ENTER=创建  ESC=取消
```

图2-22 输入要分配的容量

步骤 7:选择系统安装的分区,按<Enter>键,如图 2-23 所示。

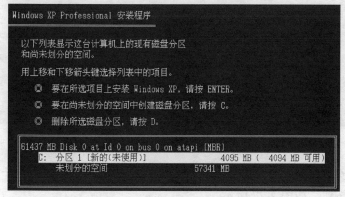

```
Windows XP Professional 安装程序

以下列表显示这台计算机上的现有磁盘分区
和尚未划分的空间。

用上移和下移箭头键选择列表中的项目。

  ◎  要在所选项目上安装 Windows XP,请按 ENTER。

  ◎  要在尚未划分的空间中创建磁盘分区,请按 C。

  ◎  删除所选磁盘分区,请按 D。

┌─────────────────────────────────────────┐
│ 61437 MB Disk 0 at Id 0 on bus 0 on atapi [MBR] │
│  C: 分区 1 [新的(未使用)]      4095 MB (  4094 MB 可用) │
│     未划分的空间              57341 MB │
└─────────────────────────────────────────┘
```

图2-23 选择系统安装的分区

步骤 8：选择 Windows XP 所需的文件系统进行格式化，按<Enter>键。FAT 或者 NTFS 系统均可，建议使用 NTFS 系统，如图 2-24 所示。

步骤 9：系统开始复制安装文件。完成后系统将重新启动计算机，如图 2-25 所示。

步骤 10：重启后进入下面的安装界面，等待即可，如图 2-26 所示。

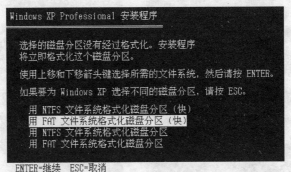

图2-24　设置分区格式

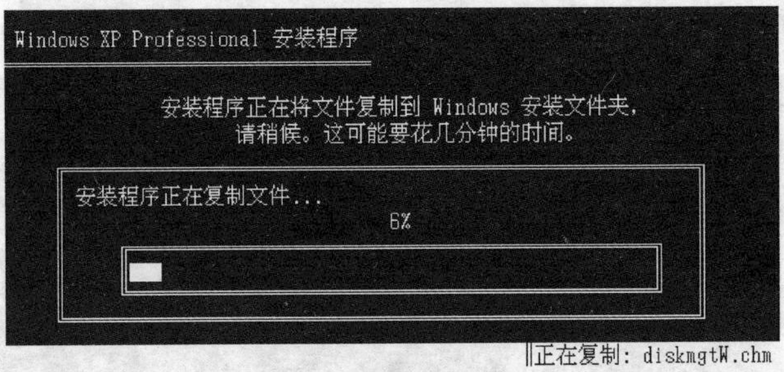

图2-25　复制系统文件

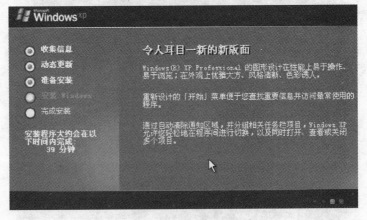

图2-26　安装Windows界面

步骤 11：在安装过程中会弹出一个"区域和语言选项"对话框，直接按<F8>键同意安装，单击"下一步"按钮，如图 2-27 所示。

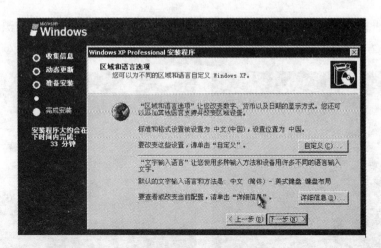

图2-27　设置区域和语言

步骤12：出现如图 2-28 所示的对话框，输入姓名及单位名称，单击"下一步"按钮。

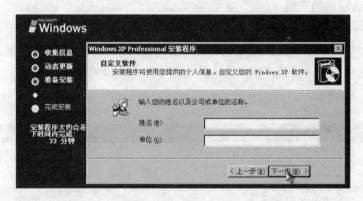

图2-28　设置姓名及单位名称

步骤13：输入产品密钥，单击"下一步"按钮，如图 2-29 所示。

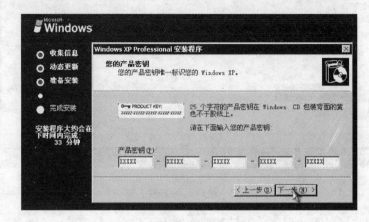

图2-29　输入密钥

步骤 14：此时，可以按照计算机的操作提示，一步步进行操作，即可看到漂亮的 Windows 桌面了，如图 2-30 和图 2-31 所示。

图2-30　欢迎使用界面

图2-31　Windows XP工作桌面

2．网卡驱动程序的安装

由于大部分网卡和 Windows XP 都支持"即插即用"功能，所以，如果在系统的硬件列表中有该网卡的驱动程序，系统会在开机启动时自动检测到该硬件并加载其驱动程序。如果网卡的驱动程序没有被正确安装，则在设备管理器中可以看到网卡的相关项上显示了黄色问号或叹号，如图 2-32 所示。

图2-32　缺少正确的网卡驱动

这时需要用户提供驱动程序（厂家驱动盘/网上下载）进行安装。下面是一款网卡驱动程序的安装过程。

步骤 1：双击网卡驱动文件夹中的"Setup.exe"文件，如图 2-33 所示。

图2-33   网卡驱动文件夹

步骤 2：安装程序运行后，单击"下一步"按钮，如图 2-34 所示。系统开始复制文件，期间只要耐心等待即可。

图2-34   网卡安装向导

步骤 3：单击"完成"按钮，完成安装，如图 2-35 所示。

步骤 4：重启计算机后，再次打开设备管理器，可以看到网卡已经处于正常状态，如图 2-36 所示。

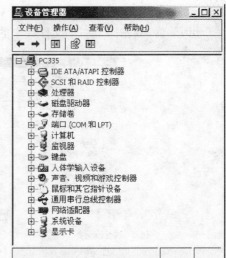

图2-35　完成安装　　　　　　　　　　　图2-36　已安装网卡驱动

相关知识

1. 操作系统

操作系统（Operating System，OS）管理着计算机系统的全部硬件资源、软件资源以及数据资源；同时控制着程序运行，为其他应用软件提供支持等。一个优秀的操作系统可以使计算机系统所有资源最大限度地发挥作用，为用户提供方便、有效、友善的服务界面。目前微机上常见的操作系统有 UNIX、Linux、Windows 等。

2. Windows 系列操作系统

美国微软公司自从 1985 年推出 Windows 1.0 以来，就不断推出新产品，以满足用户日益增长的功能需求和提高更多的服务。Windows 系列操作系统采用图形化的操作界面，有良好的网络和多媒体功能，支持多用户多任务，支持多种硬件设备，在 Windows 下有众多的应用程序可满足各方面的需求。目前使用最多的是面向个人桌面的 Windows XP/7/8，以及面向服务器的 Windows Server 2000/2003/2008。

3. Windows XP

Windows XP，如图 2-37 所示。中文全称为视窗操作系统体验版，字母 XP 表示英文单词的"体验"（Experience）。它将 Windows 2000 的安全性、易管理性和稳定性等众多优

图 2-37　Windows XP 界面

点与 Windows 98 和 Windows Me 的即插即用、易于使用的用户界面及独具创新的支持服务完美地集成在一起，是目前主流的操作系统之一。Windows XP 发行于 2001 年 10 月 25 日，原来的名称是 Whistler，为了适应不同用户的需求发行了专业版和家庭版两个版本。家庭版的消费对象是家庭用户，专业版则在家庭版的基础上添加了新的为面向商业设计的网络认证、双处理器等特性，且家庭版只支持 1 个处理器，专业版则支持 2 个处理器。虽然目前微软已经逐步停止销售 Windows XP，不过用户还是可以从微软那里得到相关服务。

4. 操作系统的安装方式

操作系统的安装方式通常有全新安装、升级安装、覆盖安装和多系统安装等几种方式。

1）全新安装：指在全新的硬盘上安装操作系统。如果硬盘中已经安装过操作系统，在安装时先将硬盘格式化，再运行安装程序的方式也称为全新安装。

2）升级安装：指在已经存在的操作系统从低版本升级到高版本，如从 Windows XP 升级到 Windows Vista。该方式的好处是原有程序、数据、设置都不会发生变化，硬件兼容性方面的问题也比较少，缺点是升级容易恢复难。

3）覆盖安装：指在已经存在操作系统的情况下，将当前版本的操作系统重新安装到相同的目录，覆盖安装将保留已经安装过的驱动程序、应用程序和文件信息等，只是将系统文件重新复制。在 Windows 2000/XP 中，覆盖安装也成为修复安装。

4）多系统安装：指在已经存在操作系统的情况下，再安装其他操作系统，多个不同操作系统同时存在，在计算机启动时可以选择需要运行的操作系统。

5. BIOS

BIOS 的全称是 ROM-BIOS（Real Only Memory-Basic Input Output System，只读存储器基本输入、输出系统）。简单地说，BIOS 是计算机中最基础且最重要的一组程序，该程序被固化或者说存放在计算机主板上的一个 ROM（Read Only Memory）芯片中。这组程序包括计算机最重要的基本输入、输出程序、系统设置信息、开机的上电自检程序和系统启动自检程序。计算机用户在使用计算机的过程中，都会接触到 BIOS，它在计算机系统中起着非常重要的作用。

目前，常见的 BIOS 厂商有 Award、AMI、Phoenix 等，在芯片上都能见到厂商的标记。

6. 硬盘分区与格式化

对于一块新的硬盘，在安装操作系统之前，首先需要对硬盘进行分区和格式化。分区和格式化就相当于为安装软件打基础，实际上它们为计算机在硬盘上存储数据起到标记定位的作用。分区从实质上讲是对硬盘的一种格式化。在创建分区时，就会设置好硬盘的各项物理参数。目前最常用的分区软件有 FDISK、Format、DM、Partition Magic、Disk Genius 等，另外利用 Windows 安装光盘也可以实现分区与格式化。

7. 驱动程序

驱动程序，英文名为"Device Driver"，全称为"设备驱动程序"，是一种可以使计算机和设备通信的特殊程序，相当于硬件的接口，操作系统只有通过这个接口，才能控制硬件设备的工作，假如某设备的驱动程序未能正确安装，便不能正常工作。因此，驱动程序被誉为"硬件和系统之间的桥梁"。刚安装好的操作系统，很可能驱动程序安装得不完整，需要用户单独安装驱动程序。驱动程序可以分为官方正式版、微软 WHQL 认证版、第三方驱动、Beta 测试版、发烧友修改版等。

驱动程序一般可通过 3 种途径得到，一是购买的硬件附带有驱动程序；二是 Windows 系统自带有大量驱动程序；三是从 Internet 下载驱动程序。最后一种途径往往能够得到最新的驱动程序。

任务拓展

1. BIOS 和 CMOS 的区别

（1）CMOS

CMOS（Complementary Metal Oxide Semiconductor，互补金属氧化物半导体）是一种大规模应用于集成电路芯片制造的原料。通常提到的 CMOS 是指目前广泛应用于计算机中的一种用电池供电的可读写的 RAM 芯片。在这块芯片中保存着所有系统硬件的配置信息和用户对某些参数的设置。

CMOS 存储芯片（即 CMOSRAM 芯片）可以由主板上的一块后备电池供电，关机后所保存的信息也不会丢失。其特点是功耗非常小，即使系统断电，几年内存储在芯片中内容也不会丢失。

（2）CMOS 与 BIOS 的关系

BIOS 是主板上的一块 EPROM 或 EEPROM 芯片，里面装有系统的重要信息和设置系统参数的设置程序（BIOS Setup 程序）；而 CMOS 是一块用于存储数据的芯片，属于硬件，它的功能只是保存数据，但它也只能起到存储的作用。如果想要修改存储在 CMOS 中的数据，CMOS 本身就无能为力了。修改 CMOS 中的各项参数的设置需要专门的设置程序。早期的 CMOS 设置程序是驻留在软盘上，现在大多数厂家将 CMOS 的参数设置程序做到 BIOS 芯片中。在计算机打开电源时按特殊的按键即可进入 BIOS 设置程序（SETUP），修改 CMOS 参数。

由此可见，BIOS 中的系统设置程序是用来完成 CMOS 参数设置的手段，而 CMOSRAM 是存放设置好的数据的载体。换句话说，BIOS 用来设置系统参数，而 CMOS 用来保存系统参数，它们都与计算机的系统参数设置关系密切。而"CMOS 设置"和"BIOS 设置"两种说法也正源于此。其实，准确的说法应该是"通过 BIOS 设置程序来对 CMOS 参数进行设置"。

总之，BIOS 和 CMOS 是既相关联又有区别，"BIOS 设置"和"CMOS 设置"只是大家对设置过程简化的两种叫法，在这种意义上它们指的都是一回事。在另一方面，CMOS 和

BIOS 两者之间却又有着本质的区别，不可混淆。

2．BIOS 的作用

计算机的启动过程实际上也是 BIOS 对系统进行全面检测、对设备的使用状态进行初始化和引导操作系统的过程。电源接通后，BIOS 最先被启动，并开始对系统内部各个设备及所有硬件部分进行检测，检测无误后进一步将硬件设为备用状态（初始化和设定中断），然后引导操作系统，最后就可以使用计算机了。BIOS 的作用主要包括以下几个方面：

1）自检及初始化程序。

2）硬件中断处理。

3）程序服务请求。

3．硬盘分区原理

硬盘分区之后，会形成 3 种形式的分区状态，即主分区、扩展分区和非 DOS 分区。

主分区是一个比较单纯的分区，通常位于硬盘的最前面一块区域中，构成逻辑 C 磁盘。其中的主引导程序是它的一部分，此段程序主要用于检测硬盘分区的正确性，并确定活动分区，负责把引导权移交给活动分区的 DOS 或其他操作系统。此段程序损坏将无法从硬盘引导，但从软驱或光驱之后可对硬盘进行读写。

而扩展分区的概念是比较复杂的，极容易造成硬盘分区与逻辑磁盘混淆。分区表的第 4 个字节为分区类型值，正常的可引导的大于 32MB 的基本 DOS 分区值为 06，扩展的 DOS 分区值是 05。如果把基本 DOS 分区类型改为 05 则无法启动系统，并且不能读写其中的数据。如果把 06 改为 DOS 不识别的类型如 efh，则 DOS 认为该分区不是 DOS 分区，当然无法读写。很多人利用此类型值实现单个分区的加密技术，恢复原来的正确类型值即可使该分区恢复正常。

非 DOS 分区（Non-DOS Partition）是一种特殊的分区形式，它是将硬盘中的一块区域单独划分出来供另一个操作系统使用，对主分区的操作系统来讲，是一块被划分出去的存储空间。只有非 DOS 分区内的操作系统才能管理和使用这块存储区域，非 DOS 分区之外的系统一般不能对该分区内的数据进行访问。

4．GHOST 版 XP

GHOST 版 XP 是指通过赛门铁克公司出品的 GHOST 在装好的操作系统中进行镜像复制的版本。通常 GHOST 用于操作系统的备份，在系统不能正常启动的时候用来进行恢复。而很多电脑公司的技术员因为图方便和节约时间，直接复制 GHOST 文件并在其他计算机上进行操作系统安装。由于安装时间短，所以深受装机商们的喜爱。但这种安装方式可能会造成系统不稳定。因为每台机器的硬件都不太一样，而按常规操作系统安装方法，系统会检测硬件，然后按照本机的硬件安装一些基础的硬件驱动，而且在遇到某个硬件工作不太稳定的时候就会终止安装程序。而 GHOST 则不会，所以安装操作系统应尽量按常规方式安装，这样可以获得比较稳定的性能。

任务 3　设置单机上网

任务分析

　　用户想要将自己的计算机接入 Internet，只要根据实际情况选择合适的接入方式即可。接入 Internet 的方式包括电话拨号接入方式、局域网接入方式和宽带接入方式等。近年来随着 Internet 的迅猛发展，普通 Modem 拨号的速率已远远不能满足人们获取大容量信息的要求，用户对接入速率的要求越来越高。现在一般单机上网选择的是 ADSL 宽带上网的方式，可使用户享受高速上网的喜悦。

任务实战

1．ADSL 网络的安装和连接

　　步骤 1：首先将 ADSL Modem 的各个连线按照如图 2-38 所示的方法连接好。

　　步骤 2：硬件连接后还要在计算机上创建一个拨号连接。在"控制面板"上双击"网络连接"，打开"网络连接"对话框，如图 2-39 所示。

　　步骤 3：在"网络连接"界面中单击左侧窗格中的"创建一个新的连接"任务，如图 2-40 所示。

图 2-38　连接 ADSL Modem

图2-39　双击网络连接

40

步骤 4：在"新建连接向导"对话框中，单击"下一步"按钮，如图 2-41 所示。

图2-40　单击"创建一个新的连接"　　　　图2-41　"新建连接向导"对话框

步骤 5：在"网络连接类型"对话框中选中"连接到 Internet"单选按钮。单击"下一步"按钮，如图 2-42 所示。

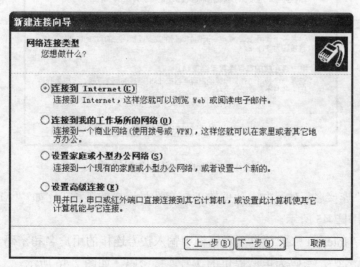

图2-42　"网络连接类型"对话框

步骤 6：在"准备好"对话框中选中"手动设置我的连接"单选按钮，单击"下一步"

按钮，如图 2-43 所示。

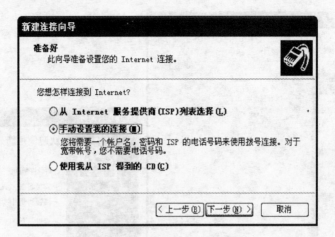

图2-43 "准备好"对话框

步骤 7：在"Internet 连接"对话框中选中"用要求用户名和密码的宽带连接来连接"单选按钮，单击"下一步"按钮，如图 2-44 所示。

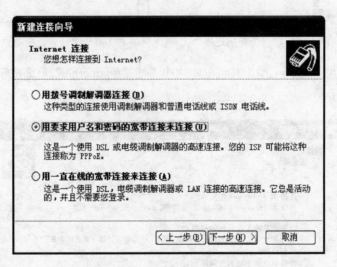

图2-44 "Internet连接"对话框

步骤 8：在"连接名"对话框中随便输入一个拨号连接的名称，比如 "ADSL"，单击"下一步"按钮，如图 2-45 所示。

步骤 9：在"Internet 账户信息"对话框中输入拨号连接的用户名和密码，该用户名为开通 ADSL 的电话号码，密码为电信提供的拨号连接密码，如图 2-46 所示。

步骤 10：在"正在完成新建连接向导"对话框中单击"完成"按钮，创建成功，如图 2-47 所示。

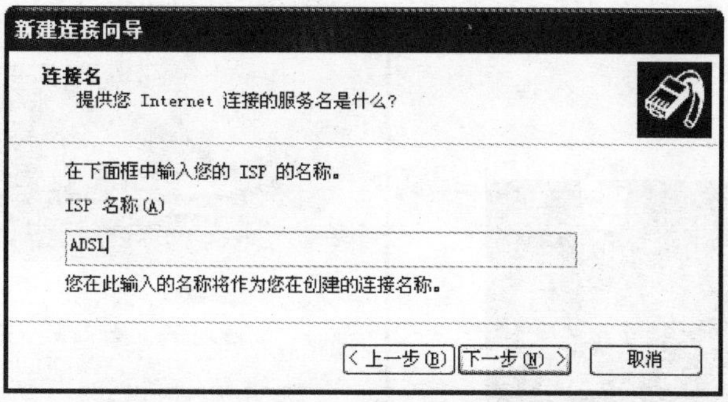

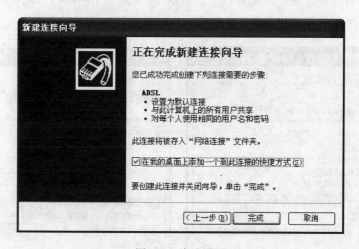

图2-45　输入ISP名称

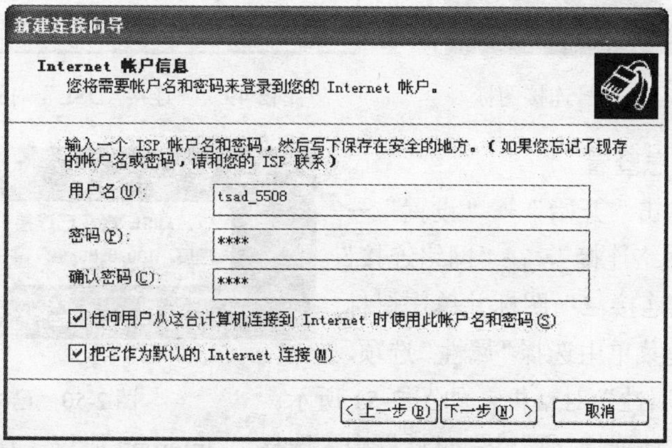

图2-46　设置用户名和密码

图2-47　完成设置

步骤 11：创建成功后，在桌面上可以看到刚刚创建的拨号连接图标，如图 2-48 所示。

步骤 12：双击拨号连接图标，打开"连接 ADSL"对话框，如图 2-49 所示。

步骤 13：ADSL 拨号连接成功后，我们就可以使用 ADSL 宽带上网了，如图 2-50 所示。

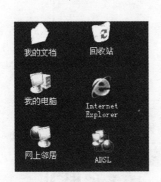

图2-48　拨号连接图标　　　　　　图2-49　"连接ADSL"对话框

2．网卡配置信息查看

步骤1：依次单击"开始"→"设置"→
"控制面板"→"网络连接"，在"网络连接"
界面中选择 "本地连接 2"图标并单击鼠标
右键，在弹出的快捷菜单中选择"属性"选项，
打开"本地连接2 属性"对话框，如图 2-51 所示。

图 2-50　已经连接

步骤2：在"本地连接2属性"对话框中，选择" Internet 协议（TCP/IP）"选项，单击
"属性"按钮，可以查看网卡的配置信息，包括 IP 地址、子网掩码、默认网关、DNS 服务
器地址等，在 ADSL 拨号连接设置中，这些选项一般为默认的"自动获得"，如图 2-52 所示。

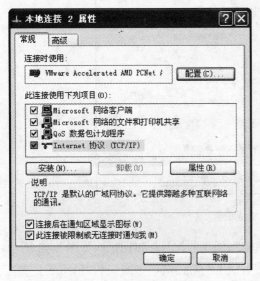

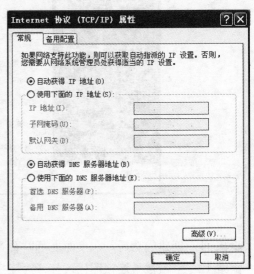

图2-51　"本地连接2属性"对话框　　　　　图2-52　网卡的配置信息

相关知识

1. 拨号上网

电话拨号上网是个人用户接入 Internet 最早使用的方式之一，也是最广泛的接入方式之一。电话拨号连接是借助公用交换电话网（PSTN），通过电话线以拨号方式接入网络的广域网连接方法。使用电话线拨号上网，在向网络服务商申请一个账号后，只需要一根电话线和一台调制解调器（Modem）就可以了。所谓调制解调器就是一种模拟信号和数字信号相互转换的硬件设备，它可以将计算机中的数字信息转换成为模拟信号，以便在电话网络中进行传递，到达接收端后，再由调制解调器将模拟信号重新转换成为数字信号，从而实现网络数据传输。

电话拨号连接具有以下特点：

1）简单、成本低，但传输速度慢。

2）采用电路交换技术、星型拓扑结构。

3）话音传输和数据传输不能同时进行。

4）适用于单个计算机接入网络。

不过随着宽带的普及，这种上网方式已经被淘汰。

2. 宽带上网

这里所说的宽带上网即指 ADSL 上网。ADSL（Asymmetric Digital Subscriber Loop，非对称数字用户环路）是利用频分技术，将普通电话线路所传输的低频信号和高频信号分离。其中 3400Hz 以下的低频部分供电话使用，3400Hz 以上的高频部分供上网使用。简单地说，就是在同一条电话线上同时传送数据和语音信号，数据信号不通过电话交换机设备，直接进入互联网。因此，ADSL 业务不但可进行高速度的数据传输，而且上网的同时不影响电话的正常使用。ADSL 上网的主要优点如下：

（1）传输速率高

通常 ADSL 在不影响正常电话通信的情况下可以提供最高 3.5Mbit/s 的上行速度和最高 24Mbit/s 的下行速度。

（2）功能优、效果好

在一条电话线上同时提供了电话和上网服务，电话与上网互不影响，真正做到打电话、上网两不误。

（3）安装简单

在已有电话线路的情况下，只要加装一台 ADSL Modem 和一个话音分离器，无需对线路做任何改动即可实现上网功能。

在 ADSL 宽带上网前必须具备以下设备。

①网卡：10Mbit/s 或 10Mbit/s/100Mbit/s 自适应的都可以，现在一般计算机的主板上都集成网卡，而无需再单独购买。

②网线：RJ-45 双绞线，前面我们已经学习了网线的制作方法，如果购买，价格一般在 1 米 1 元左右。

③ADSL Modem：该设备一般在电信部门随着 ADSL 宽带业务赠送，无需自行购买。

3．小区光纤

光纤宽带是指直接通过光纤连接到用户的局域网或计算机，提供 Internet 接入的方式。虽然光纤支持极高的带宽，但由于光纤网络产品价格较贵，而且普通用户也用不到如此高的带宽，所以，目前主要应用公司或企业的骨干网及各个节点的连接，如光纤到小区、大厦、办公楼等，供局域网用户实现 10Mbit/s 或 100Mbit/s 到 Internet 的连接。

任务拓展

1．ADSL 的应用

ADSL 技术是运行在原有普通电话线上的一种新的高速宽带技术，它利用现有的一对电话铜线，为用户提供上、下行非对称的传输速率（带宽）。非对称主要体现在上行速率和下行速率的非对称性上。上行（从用户到网络）为低速的传输，可达 3.5Mbit/s；下行（从网络到用户）为高速的传输，可达 24Mbit/s。

应用 ADSL 技术，可以为用户提供以下几项业务。

（1）高速的数据接入

用户可以通过 ADSL 宽带接入方式快速地浏览互联网上的各种信息、进行网上交谈、收发电子邮件、网上下载和发布 BBS 等，获得自己需要的信息。

（2）视频点播

由于 ADSL 技术传输的非对称性，因此特别适合用户对音乐、影视信息和交互式游戏的点播。可以根据自己的需要，任意地对上述业务随意控制，而不必像有线电视节目一样受电视台的控制。

（3）网络互联业务

ADSL 宽带接入方式可以将不同地点的企业网或局域网连接起来，避免了企业分散所带来的麻烦，同时又不影响各用户对互联网的浏览。

（4）家庭办公

当前，通信的飞跃发展已经越来越影响着人们的生活和工作方式。部分企业的工作人员因为某种原因需要在家里履行自己的工作职责，他将通过高速的接入方式从企业信息库中提取所需要的信息，甚至"面对面"地和同事进行交谈，完成工作任务。

（5）远程教学和远程医疗

随着生活水平的提高，人们在家里接受教育以及得到必要的医疗保证将成为一种时尚。通过宽带的接入方式，可以获得图文并茂的多媒体信息，或者与老师或医生进行交流。总之，用户可以通过 ADSL 的这种高带宽接入方式得到所需要的各种信息，不会受到因为带宽不够而带来的困扰，也不用因为无休止的停留在网上所付出的附加话费而担忧。

2．TCP/IP

TCP/IP（Transmission Control Protocol/Internet Protocol）是目前最完整、最复杂、最庞大，但却被普遍接受的通信协议标准。TCP/IP 是一整套的数据通信协议，这个名字实际上是由 TCP（传输控制协议）和 IP（网间协议）组成的。

TCP/IP 可以让不同硬件结构、不同软件操作系统（如 Linux、Windows、UNIX 等）的计算机之间实现相互通信。如果计算机打算与网络亲密接触，就必须安装 TCP/IP。TCP/IP 可以分为以下两种：

（1）核心协议

为所有其他应用程序和其他应用层协议提供基本服务。核心协议包括 IP、APR、ICMP、IGMP、TCP 和 UDP 等。

（2）应用层协议

便于数据的交换和简化 TCP/IP 网络管理，方便应用程序调用底层服务包括超文本传输协议（HTTP）、文件传输协议（FTP）、简单邮件传输协议（SMTP）、终端仿真协议（Telnet）、域名系统（DNS）、路由选择信息协议（RIP）和简单网络管理协议（SNMP）等。

在所有的协议中，TCP 和 IP 是其中最重要的协议。TCP 提供了面向连接的字节流运输层服务。面向连接意味着两个使用 TCP 的应用在彼此交换数据之前必须先建立一个 TCP 连接。IP 则用于正确地将数据传送到已经使用 TCP 连接的网络，但是它并不检验数据是否被正确地接收。当计算机连接到网络时，这台计算机就可以称做是一台"主机"。如果这台计算机用于提供各种内容服务供主机使用，那么这台计算机就可以称为"服务器"。网络中的计算机要进行通信，需要有如下几个组件来支持，即 IP 地址、子网掩码、默认网关、DNS 服务器地址和主机名称。

 **项目测试**

1．填空题

1）网卡的主要功能是_____、_____、_____和_____。

2）双绞线是计算机网络布线工程中最常用的一种_____，由_____的铜导线组成。

3）ADSL 技术一般应用在_____、_____、_____、_____和_____。

4）现在最流行的计算机操作系统是微软公司出品的_____系列操作系统。

2．选择题

1）局域网中最常用的网线是_____。

A．粗缆   B．细缆

C．UTP   D．STP

2）双绞线（Twisted Pair，TP）是网络中综合布线工程中一种最常用的传输介质，它的连接器适用的是_____接头。

A．RJ-11   B．DB-25

C．RJ-45   D．USB

3）使用特制的跨接线进行双机互联时，以下哪种说法是正确的_____。

A．两端都使用 T568A

B．两头都使用 T568B

C．一端使用 T568A 标准，另一端使用 T568B 标准

D．以上说法都不对

4）在 ADSL 宽带上网方式中，_____不是必需的。

A．ADSL Modem   B．宽带路由器

C．上网账号密码   D．网卡

3．简答题

1）光纤作为新一代的传输介质，它的优、缺点是什么？

2）简述 EIA/TIA 568B 标准的内容。

3）简述怎样使用网线测试仪测试网线。

4）简述 ADSL 上网的主要优点。

4．操作题

小周想使用 Windows 7 操作系统，但他自己不会安装，你能帮助他吗？

项目3 组建对等网

随着计算机的普及，越来越多的家庭都拥有两台甚至更多的计算机，比如好多家庭都是"两台笔记本+一台台式机"，几台计算机之间，如何实现资源共享？如何联网对战玩游戏？组建家庭对等式局域网是非常流行而又经济实用的一种方式，本项目将与大家一同学习对等网的搭建与维护。

1）了解对等网的结构和特点。
2）掌握对等网的配置、使用方法。

1）能完成两台计算机之间对等网的组建。
2）掌握资源共享的方法并能共享资源。

任务1 组建对等网组网实战

任务分析

家庭网络中的共享上网应用是极为常见的。其实这也是多机互连的一种连接方式。通过路由器来实现共享上网，其主要特点是实现方便，网络管理简单，并能达到较理想的网络安全效果。

任务实战

双机对等网连接

这是计算机网络最基础的一种互连方式。其主要的组建思路就是将两台计算机通过网卡（或其他设备）以及网线直接实现连接，其中除了连接必需的网线外，就是网卡了。当然，在现在的对等网络连接中，除了网卡的直接连接外，还存在直接电缆连接、USB 互连等其他方式。

（1）连接两台计算机（使用交叉线）

步骤 1：查看主机外观结构中是否有网卡。

对于现在新近配置的计算机来说，其主板上都会附带网卡接口，即主板就附带有网卡设备，不需要再单独购买（其位置通常位于 USB 接口和 IEEE 1394 接口的周围），如图 3-1 所示。

图3-1　计算机机箱背部的网卡接口

步骤 2：测试网卡是否工作正常。在两台计算机上分别进行如下操作：

1）依次执行"开始"→"运行"命令，在运行文本框中输入"cmd"命令，单击"确定"按钮，进入 DOS 提示符状态。

2）在 DOS 提示符下输入"ping 本机 IP 地址"，按<Enter>键，如果能够 ping 通，说明网卡工作正常。如果不通，则说明网卡工作有问题，需要修复或更换网卡。

步骤 3：物理连接。把制作好的交叉电缆的两端分别插入两台计算机网卡 RJ-45 接口上，卡紧后确保接口连接紧密，则两台计算机组成的对等局域网物理连接就算完成。

（2）配置网络

对等网上的每一台计算机，都应配置相同的组件类型、网络标识和访问控制才能实现网络上的资源共享，保证网络的连通性。

1）更改计算机名称。为了方便计算机在网络中能够相互访问，要给网络中的每一台计算机设立一个独立的名称。本操作实例中以"W"计算机名称的修改为例进行介绍。

步骤 1：选择 "我的电脑"并单击鼠标右键，在弹出的快捷菜单中选择"属性"，打开"系统属性"对话框，如图 3-2 所示。

步骤 2：选中"计算机名"选项卡，单击"更改"按钮，打开"计算机名称更改"对话框，如图 3-3 所示。在"计算机名"文本框中输入计算机名称，在"隶属于"选项中选择"工作组"或"域"单选按钮即可更改计算机名称和所属工作组。

在同一工作组中，计算机名称的设置要唯一，即通信的计算机必须在同一工作组中。

2）配置 TCP/IP。依次执行"开始"→"设置"→"控制面板"→"网络连接"，打开"网络连接"界面，选择其中的"本地连接 2"图标并单击鼠标右键，在弹出的快捷菜单中选择"属性"，打开"本地连接 2 属性"对话框，如图 3-4 所示。

在"本地连接属性"对话框中，选择"Internet 协议（TCP/IP）"选项，单击"属性"按钮，弹出如图 3-5 所示的对话框。

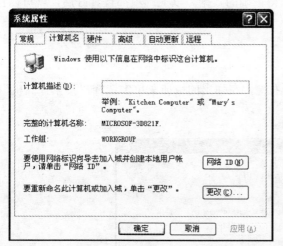

図3-2　"系统属性"对话框　　　　　図3-3　"计算机名称更改"对话框

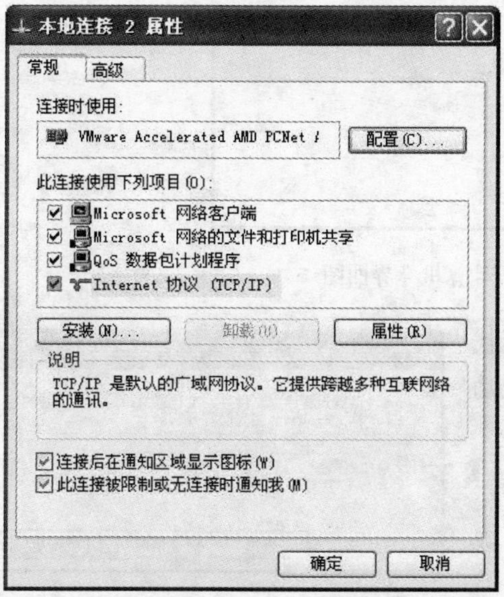

図3-4　"本地连接属性"对话框　　図3-5　"Internet协议（TCP/IP）属性"对话框

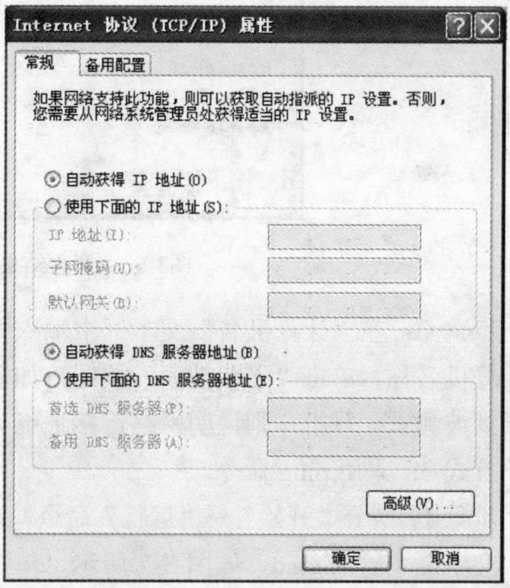

在"Internet　协议（TCP/IP）属性"对话框中，如果局域网是 DHCP 自动分配 IP 地址，则选择"自动获得 IP 地址"选项，如果需要手动设置地址，则选择"使用下面的 IP 地址"选项，然后在相应的信息栏中输入对应的信息。此处将一台计算机设置为 192.168.1.56，子网掩码为 255.255.255.0；另一台计算机设置为 192.168.1.57，子网掩码为 255.255.255.0。

在下面的获取 DNS 的选项中，如果是 DHCP 分配的话，则选择"自动获取 DNS"即可，如果是手动获取地址，那么选择"使用下面的 DNS 服务器地址"，在"首选 DNS 服务器"里面输入类似 8.8.8.8 的数值，在备用 DNS 中可输入 8.8.4.4。需要注意的是，DNS 需要咨询 ISP 运营商或你所在局域网的网管，从而获得正确的数据。以上选项都设置好后，就可以正常上网了。

（3）连通性测试

方式 1：搜索被测试的计算机。

步骤 1：选择"网上邻居"并单击鼠标右键，在弹出的快捷菜单中选择"搜索计算机"，如图 3-6 所示。

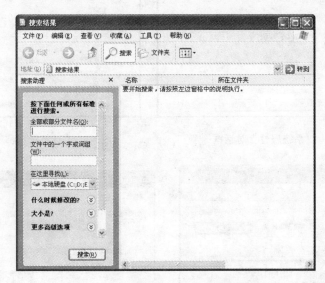

图3-6 "搜索结果——计算机"界面图

步骤 2：在"计算机名"文本框中输入要查找的计算机名称，单击"立即搜索"按钮，如能成功搜索到被测试计算机，则说明网络连接通畅。

方式 2：采用 ping 命令。

步骤 1：选择"开始"→"运行"命令，在"运行"文本框中输入 cmd，如图 3-7 所示，单击"确定"按钮，进入 DOS 提示符窗口。

图 3-7 "运行"对话框

步骤 2：在命令提示符下，输入"ping 被测试计算机的 IP 地址或计算机名"。如能 ping 通，则表示网络已经连通。如下面例子所示，192.168.1.57 计算机上 Ping 192.168.1.56。

```
C:\>ping 192.168.1.56
Pinging lanzujian.wangluo.com [192.168.1.56] with 32 bytes of data:
Reply from 192.168.1.56: bytes=32 time<10ms TTL=253
Reply from 192.168.1.56: bytes=32 time<10ms TTL=253
```

```
Reply from 192.168.1.56: bytes=32 time<10ms TTL=253
Reply from 192.168.1.56: bytes=32 time<10ms TTL=253
Ping statistics for 192.168.1.56:
Packets: Sent = 4, Received = 4, Lost = 0 (0% loss),Approximate round trip
times in milli-seconds:
Minimum = 0ms, Maximum = 0ms, Average = 0ms
```

其中"Reply from 192.168.1.56"指来自192.168.1.56的回复。

"bytes=32"指探测使用的数据包大小为32Bytes。

"time<10ms"指响应时间小于10ms。

"TTL=253"中的TTL是网络中ping数据包的生存周期，不同的操作系统，其TTL默认值是不相同的。也可以直接在"运行"文本框中输入"ping 被测试计算机的IP地址或计算机名"，结果同上。

相关知识

1．TCP/IP通信协议

"网络协议"是指为了让网络中的计算机能够进行相互交流的通信标准。当网络中，这种标准一旦成立，就要求所有的计算机都必须遵守这个标准，才能让网络之间的交流畅通无阻。常见的计算机网络协议有TCP/IP通信协议、NetBEUI协议、NWLinkIPX/SPX兼容协议等。

TCP/IP（Transmission Control Protocol/Internet Protocol，传输控制协议/互联网互联协议）是目前最完整、最复杂、最庞大，但却被普遍接受的通信协议标准。

TCP/IP是一整套的数据通信协议，这个名字实际上是由TCP（传输控制协议）和IP（网间协议）组成的。TCP/IP通信协议可以让不同硬件结构、不同软件操作系统（如 Linux、Windows、UNIX 等）的计算机之间实现相互通信。如果计算机打算与网络亲密接触，就必须安装TCP/IP。

2．IP地址

IP地址就像身份证号一样，如果这个"身份证号"出现重复现象，就会给生活和工作带来很多麻烦。在局域网中，每台计算机也要有专用的、不重复的"身份证号"，即IP地址，它能够让局域网的其他计算机快速"找"到自己。实际上，IP地址不但可以用于标识每一台主机，其内还隐含着如何在网络间传送信息的路由信息（Routing Information）。

在计算机中，IP地址是由32位二进制数字组成，并且每8位被分成一组，一共4组。组与组之间由半角句号（俗称"点"）分开，这种书写方法叫做点数表示法。为了便于人们记忆，每组数字一般都是以十进制数字标识，如202.102.48.141。

目前，IP地址几乎都在使用IPv4版本，包含了Network（网络识别码，每个网络只有一个唯一的网络识别码）和 Host ID（主机识别码，同一个网络的每台主机都必须有唯一的一个主机识别码）两部分内容。IPv4 最多可以标识约 43 亿台主机，所有的 IP 地址都是由专门的组织（ICANN）负责的。

IPv6 可以使用 128 位来表示 IP 地址，其容纳的 IP 地址数量让人们戏称"连地球上的每粒沙子都可以有个 IP 地址"。

3．子网掩码

同样占用 32 位地址的子网掩码（Subnet Mask）主要有两大功能：

1）用来区分 IP 地址中的网络和主机部分。

2）用于将网络分割为数个子网。

当 IP 网络内的主机在相互通信时，它们利用子网掩码得出双方的网络部分，进而得知彼此是否在同一个网段内。

最常用的默认子网掩码是"255.255.255.0"。它可以提供 256 个 IP 地址，但实际可用的 IP 地址数量是 256 减去 2，即 254 个。因为普通用户组建网络时的计算机数量一般不会超出 254 台，所以大多都是使用这个子网掩码。

3．网关（Gateway）

网关又称网间连接器、协议转换器，它既可以用于广域网互连，也可以用于局域网互连。就像每个教室都会有一扇门让学生进出一样，每个局域网也要有一扇门（网关）才能让数据对外部网络进行收发，否则每个局域网中的工作站将只能在本身的网络中进行数据收发。

按照不同的分类标准，网关也有很多种。比如在 TCP/IP 里的"默认网关"就是其中的一种。我们可以将"默认网关"看成"安全门"，人们在无路可走时就会自然地想到从安全门逃生。在网络中，当收发的数据无法找到特别指定的网关时，就会自动尝试从默认网关中收发，所以"默认网关"是需要进行设置的，这就好比一个房间可以有几扇门一样，一个网络除了可以有一个"默认网关"外，还可以有其他网关存在，这样网络就有多扇门可以选择。

一个较大规模的局域网往往是由多个小型局域网组成的，这些小型局域网如果想互相访问，就要设置不同的网关，比如 A 局域网的网关是"192.168.1.1"，那么 B 局域网的网关就要是不同的，如"192.168.5.1"。也就是说，只有设置好网关，TCP/IP 才能实现不同网络之间的相互通信，如图 3-8 所示。

4．DNS 服务器

当一台计算机向 DNS 服务器查找某台主机的 IP 地址时，DNS 服务器会从其数据库内寻找所需要的 IP 地址给提出申请的计算机。当某台 DNS 服务器中没有所需的 IP 地址信息，它就会向同级或上级服务器查询这个 IP 地址记录，如果同级或上级也没有，就会由同级或上级再向上级查询，直到寻找到记录后，再逐层返回到提出申请的计算机。

理解了 DNS 服务器的作用后，我们就可以知道要想访问一些使用域名的网站时，就必须在 TCP/IP 中设置 DNS 服务器的 IP 地址才行（ISP 会告之此 IP 地址），如图 3-9 所示。

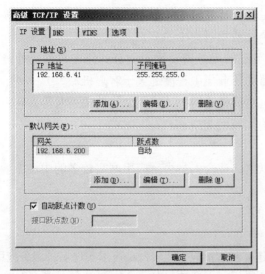

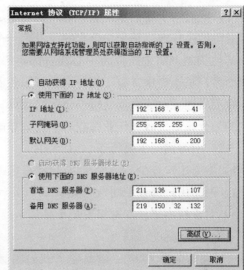

图3-8　添加网关　　　　　　　　　　图3-9　DNS 设置

那么，什么是"首选 DNS 服务器"和"备用 DNS 服务器"呢？顾名思义，当 TCP/IP 需要对一个域名进行 IP 地址翻译时，会首先使用"首选"的 DNS 服务进行翻译，当首选的 DNS 服务器"失效"时，为了保证用户能够正常对该网站进行访问，就会立即启用"备用"的 DNS 服务器进行翻译，一般情况下两台 DNS 服务器是完全可以胜任网站的"翻译"工作的。当然，也可以设置多个 DNS 服务器供 TCP/IP 调用。

5．对等网

（1）对等网简介

"对等网"也称"工作组网"，由于它不像企业专业网络是通过域来控制，在对等网中没有"域"，只有"工作组"。因此，我们在后面的具体网络配置中，就没有域的配置，只需配置工作组。很显然，"工作组"的概念远没有"域"那么广，所以对等网中的用户数也是非常有限的。在对等网络中，计算机的数量通常不会超过 20 台，所以对等网络相对比较简单。

对等网的概念可以从网络中每台计算机之间的关系、资源分布、作业的集中程度这 3 个方面进行了解。

1）从网络中计算机的从属关系来看。对等网中每台计算机都是平等的，没有主从之分。也就是说每台计算机在网络中既是客户机也是服务器。而其他不同类型的局域网中，一般都有一台或者几台计算机作为服务器，其他计算机作为客户机，客户机则是以服务器为中心建立的。

2）从资源分布情况来看。对等网中的资源分布是在每一台计算机上的。其他类型的网络中，资源一般分布在服务器上，客户机主要是使用资源而不是提供资源。

3）从作业的集中角度来看。对等网中的每一台计算机都是客户机，所以它要完成自身的作业，同时由于它们都是服务器，都要满足其他计算机的作业要求。因此，从整体角度来看，对等网中作业也是平均分布的，没有一个作业相对集中的节点。

其他类型网络中，作为中心和资源集中节点的服务器要承担所有其他客户机的作业要求，而客户机不提供资源，相对来说，服务器的作业集中程度远大于客户机。

综上所述，对等网就是每一台网络计算机与其他连网的计算机之间的关系对等，它没有层次的划分，是资源和作业都相对平均分布的局域网类型。

（2）对等网的主要特点

1）网络用户较少，一般在 20 台计算机以内，适合人员少，应用网络较多的中小企业。

2）网络用户都处于同一区域中。

3）对于网络来说，网络安全不是最重要的问题。

（3）对等网的优缺点

对等网的主要优点有：容易建立和维护；建立和维护成本比较低；可以实现多种服务应用。

原始的直接电缆连接的通信手段，每次只能让一方访问另外一方，具体地说就是只能客户机访问主机。要使主机访问客户机，则必须重新设置直接电缆连接，使主/客位置换过来才能达到目的。显然，这只是一种临时使用的通信手段，并非长远之策；对等网相对直接电缆连接就高级了一些，它不但方便连接两台以上的计算机，而且更关键的是它们之间的关系是对等的，连接后双方可以互相访问，没有主客阶级差异；然而，对等网仍然不能共享可执行程序，只有上升到客户/服务器结构的局域网，才能共享服务器上的可执行程序。当然，那样的网络需要牺牲一台高性能的计算机作为网络中的服务器让大家共享，这台计算机不能让任何人用作个人应用目的，而且需要一个专人（网络系统管理员）来维护它，成本（人力、资金）就会大大增加。因此，对等网是一种投资少、见效快、高性价比的实用型小型网络系统。

对等网的缺点也相当明显，主要有：网络性能较低、数据保密性差、文件管理分散、计算机资源占用大。

（4）对等网的适用范围

对等网主要用于建立小型网络以及在大型网络中作为一个小的子网络。用在有限信息技术预算和有限信息共享需求的地方，例如，学生宿舍内、住宅区、邻居之间等地方。这些地方建立网络的主要目的是用于实现简单的网络资源共享和信息传输以及联网娱乐等。对等网的组建条件如下：

1）用户数目较少，一般不超过 10 个。如果连接到对等网的计算机超过 10 台，这个网络系统的性能会有所降低，建议改用客户/服务器结构的 Win NT 网络或 Novell 网络。

2）所有用户在地理位置上都相距较近，之前他们各自管理自己的资源，而这些资源可以共享，或至少部分可以共享。

3）进入对等网的用户均有共享资源（如文件、打印机、光驱等）的要求。

4）用户的数据安全性要求不高。

5）使用方便性的需求优先于自定义需求。

56

（5）对等网的网络结构

现在对等网流行的网络布线拓扑结构是总线型和星型。

总线型网络是将所有计算机连接在一条线上，使用同轴电缆连接，就像一条线上拴着的几只蚂蚱，只适合使用在计算机不多的对等网上，因为电缆中的一段出现问题，其他计算机也无法接通，会导致整个网络瘫痪。系统中要使用 BNC 接口网卡、BNC-T 型接头、终结器和同轴细缆。

星型网络使用双绞线连接，结构上以集线器（HUB）为中心，呈放射状态连接各台计算机。由于 HUB 上有许多指示灯，遇到故障时很容易发现出故障的计算机，而且一台计算机或线路出现问题丝毫不影响其他计算机，因此网络系统的可靠性大大增强。另外，如果要增加一台计算机，只需连接到 HUB 上即可，很方便扩充网络，所以笔者推荐采用星型结构。

任务拓展

对等网的实现方式

（1）两台机器的对等网

这种对等网的组建方式比较多，在传输介质方面既可以采用双绞线，也可以使用同轴电缆，还可采用串、并行电缆。所需网络设备只需相应的网线或电缆和网卡，如果采用串、并行电缆还可省去网卡的投资，直接用串、并行电缆连接两台机器即可，显然这是一种最廉价的对等网组建方式。这种方式中的"串/并行电缆"俗称"零调制解调器"，所以这种方式也称为"远程通信"领域。但这种采用串、并行电缆连接的网络其传输速率非常低，并且串、并行电缆制作比较麻烦，在网卡如此便宜的今天这种对等网连接方式比较少用。

（2）三台机器的对等网

如果网络所连接的计算机不是 2 台，而是 3 台，则此时就不能采用串、并行电缆连接了，而必须采用双绞线或同轴电缆作为传输介质，而且网卡是不能少的。如果是采用双绞线作为传输介质，根据网络结构的不同又可分为两种方式：

1）采用双网卡网桥方式，就是在其中一台计算机上安装两块网卡，另外两对路机各安装一块网卡，然后用双绞线连接起来，再进行有关的系统配置即可。

2）添加一个集线器作为集结线设备，组建一个星型对等网，三台机器都直接与集线器相连。从这种方式的特点来看，虽然可以省下一块网卡，但需要购买一个集线器，网络成本会比前一种方式高，但性能要好许多。

如果采用同轴电缆作为传输介质，则不需要购买集线器了，只需要把三台机器用同轴电缆网线直接串连即可。虽然也只需要 3 块网卡，但因同轴电缆较双绞线贵些，所以总的投资与用双绞线差不多。

（3）多于 3 台机器的对等网

对于多于 3 台机器的对等网组建方式只能有以下 2 种：

1）采用集线设备（集线器或交换机）组成星型网络。

2）用同轴电缆直接串连。虽然这类对等网也可以采用双网卡网桥方式，就是在除了首、尾两台计算机外都采用双网卡配置，但因这种方式需要购买差不多两倍的网卡，成本较高；且双网卡配置对计算机硬件资源要求较高，所以不可能有人会用这种方式来实现多台计算机的对等网连接。

以上介绍的是对等网的硬件配置，在软件系统方面，对等网更是非灵活，几乎所有操作系统都可以配置对等网，包括网络专用的操作系统，如 Windows NT Server/2000 Server/2003 Server，Windows 9x/ME/2000 Pro/XP 等也都可以，早期的 DOS 系统也可以。

因为对等网类型繁多，所用系统组成也是多种多样，所以不可能对所有类型的对等网组建方法都逐一介绍，况且实际应用中有些对等网类型并不常用，如直接电缆连接的对等网、双网卡对等网等，在操作系统方面如 DOS、Windows 95、Windows NT Server/2000 Server /2003 Server 等也通常不应用于对等网中，所以本项目仅介绍目前在家庭中常用的 Windows XP 系统中双绞线两台机器的对等网配置方法。多机及其他操作系统下对等网的配置方法类似，参照即可。

🔵 任务 2   共享与互访对等网中的资源

任务分析

无论过去、现在还是将来，资源共享都是网络的重要应用之一。通过资源共享，我们可以实现文件资料的交换。Windows XP 是现在最流行的操作系统，现在就一起看看在 Windows XP 下如何共享文件和相互访问的。

任务实战

1. 使用共享文件夹并设置权限

Microsoft 网络的文件共享组件允许网络中的计算机通过 Microsoft 网络访问其他计算机上的资源。这种组件在默认情况下将被安装并启用。

文件共享组件通过 TCP/IP 以连接为单位加以应用，为了使用该组件所提供的功能，必须对本地文件夹进行共享。

（1）共享文件夹

在 Windows 资源管理器中打开"我的文档"。依次单击"开始"→"所有程序"→"附件"→"Windows 资源管理器"，如图 3-10 所示。

单击希望进行共享的文件夹，在"文件与文件夹任务"栏中单击"共享该文件夹"按钮，如图 3-11 所示。

在"属性"对话框中，选择"共享"选项卡，选中"共享此文件夹"单选按钮，以便与网络上的其他用户共享文件夹，如图 3-12 所示。

（2）设置文件夹权限

首先在"属性"对话框中选择"安全"选项卡，如图 3-13 所示。

图3-10　选择资源管理器

图3-11　共享文件夹

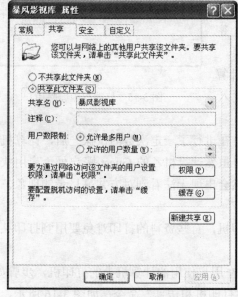

图3-12　在网络上共享文件夹

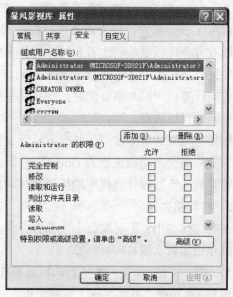

图3-13　选择"安全"选项卡

如需对未显示在"组或用户名称"列表中的组或用户设置权限，则单击"添加"按钮，打开"选择用户或组"对话框，输入希望设置权限的组或用户名称并单击"确定"按钮，如图 3-14 所示。

如需针对现有组或用户修改或删除权限，则单击相应组或用户名称，并执行以下任意一项操作：

1）如需允许或拒绝某种权限，在"权限"列表中，选择"允许"或"拒绝"复选框。

2）如需从"组或用户名称"列表框中删除某个组或用户，则单击"删除"按钮，如图 3-15 所示。

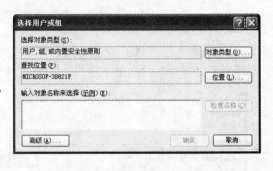

图 3-14　添加组或用户

（3）计算机共享的实现

如何实现计算机共享呢？下面就两台计算机为例进行讲解，它们必须遵循以下 4 项基本原则：

1）双方计算机打开，且设置了共享资源。

2）双方的计算机添加了"文件和打印共享"服务。

3）双方都正确设置了网内 IP 地址，且必须在同一个网段中。

4）"双方的计算机中都关闭了防火墙，默认状态下 Windows 对 Guest 账户都是停用的。可以让双方都启用 Guest 账户，如果对该账户都没有加上密码，则双方都可以很顺利地看到对方的共享资源。

如果计算机甲对 Guest 账户加了密码，则计算机乙访问计算机甲的共享资源时，就必须正确输入这个密码才可以访问。

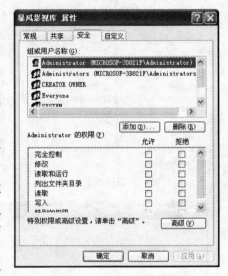

图 3-15　修改权限删除用户

如果在不知道对方密码的情况下反复试探，在进行了一定次数的试探之后，计算机甲的账户锁定策略会自动锁定他的 Guest 账户，此时虽然计算机乙的 Guest 账户处于启用状态，但在计算机乙下双击计算机甲的机器名时，仍然会出现无法看到对方共享目录的现象。

2．打印机共享

在对等网络中，不可能每个人都有一台打印机，有些资料的打印难免要用到打印共享，下面就介绍如何实现打印机共享。

1）添加本地打印机，本地打印机就是连接在用户使用的计算机上的打印机，步骤如下。

步骤 1：选择"开始"→"控制面板"→"打印机和传真"命令，如图 3-16 所示，打开"打印机与传真"文件夹，利用"打印机与传真"文件夹可以管理和设置现有的打印机，也可以添加新的打印机。

步骤 2：双击"添加打印机"图标，启动"添加打印机"向导。在"添加打印机"向导的提示和帮助下，用户一般可以正确地安装打印机。启动"添加打印机"向导之后，系统会打开"添加打印机"向导的第一个对话框，提示用户开始安装打印机，如图 3-17 所示。

图3-16 控制面板

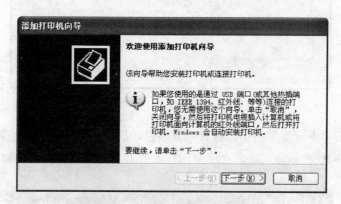

图3-17 "添加打印机"向导对话框

步骤 3：单击"下一步"按钮，打开"本地或网络打印机"对话框。在此对话框中，用户可以选择添加本地打印机或者是网络打印机。选择"本地打印机"选项，即可添加本机打印机，如图 3-18 所示。

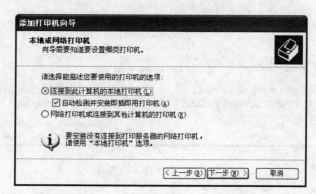

图3-18 选择"本地"与"网络"打印机

61

步骤 4：单击"下一步"按钮，打开"选择打印机端口"对话框，选择要添加打印机所在的端口，如图 3-19 所示。如果要使用计算机原有的端口，可以选择"使用以下端口"单选按钮。一般情况下，USB 端口的打印机均为自动识别，安装简单，所以这里以 LTP 端口的打印机为例。

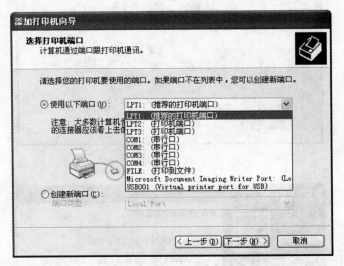

图3-19　选择打印机端口

步骤 5：单击"下一步"按钮，打开"安装打印机软件"对话框，选择打印机的生产厂商和型号，如图 3-20 所示。其中，"厂商"列表列出了支持的打印机的制造商。

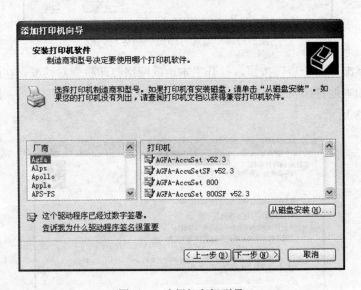

图3-20　选择打印机型号

步骤 6：单击"下一步"按钮，打开"命名打印机"对话框，在该对话框中可为打印机命名，如图 3-21 所示。

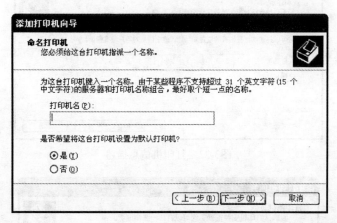

图3-21 为打印机命名

步骤 7：单击"下一步"按钮，打开 "打印机共享"对话框，如图 3-22 所示，输入相的应打印机名字。

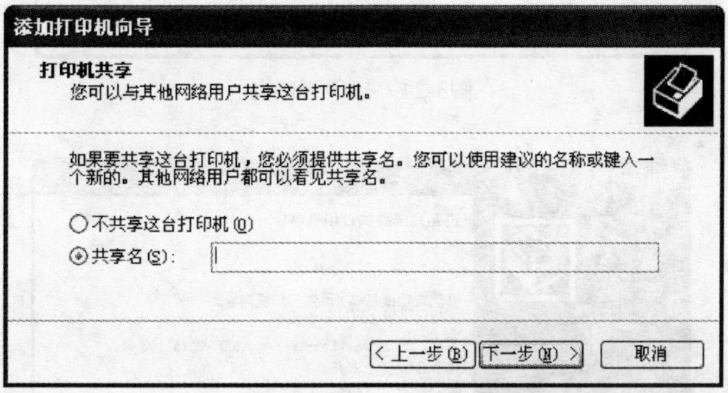

图3-22 打印机共享

步骤 8：单击"下一步"按钮，打开"位置和注解"对话框，要求用户提供打印机的位置和描述信息。可以在"位置"文本框中输入打印机所在的位置，让其他用户方便查看，如图 3-23 所示。

步骤 9：单击"下一步"按钮，打开"打印测试页"对话框，用户可以选择是否对打印机进行测试，看是否已经正确安装了打印机，如图 3-24 所示。

步骤 10：单击"下一步"按钮，打开 "正在完成添加打印机向导"对话框，如图 3-25所示，显示了前几步设置的所有信息。如果需要修改内容，单击"上一步"按钮可以回到相应的位置修改。

步骤 11：如果确认设置无误，单击"完成"按钮，安装完毕。

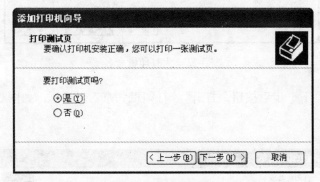

图3-23 打印机信息描述

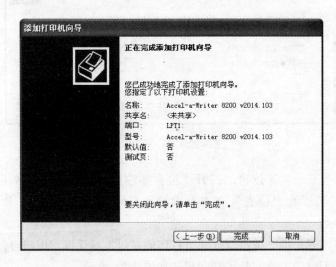

图3-24 打印测试页

图3-25 完成添加打印机向导

2）在安装完本地打印机后，其他用户也可以进行网络打印，但必须添加网络打印机。步骤如下。

步骤1：在执行"添加打印机"的第3步时，选择"网络打印机或连接到其他计算机的打印机"单选按钮，如图 3-26 所示。

　　步骤 2：单击"下一步"按钮，打开"指定打印机"对话框，用户可以在此处设置查找打印机的方式，如图 3-27 所示。单击"下一步"按钮，打开"查找打印机"对话框。

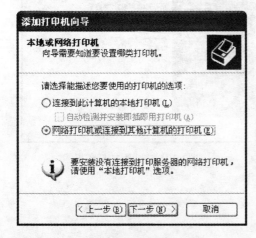

图3-26　选择网络打印机

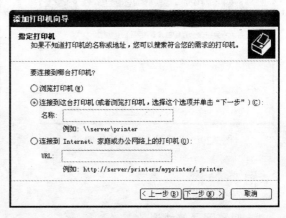

图3-27　设置查找打印机

　　步骤 3：单击"下一步"按钮，打开"浏览打印机"对话框，选择"浏览打印机"单选项，如图 3-28 所示。在这里我们选择需要添加的网络打印机。

　　步骤 4：单击"下一步"按钮，打开"默认打印机"对话框，用户可以设置是否将打印机设置为默认打印机，如图 3-29 所示。

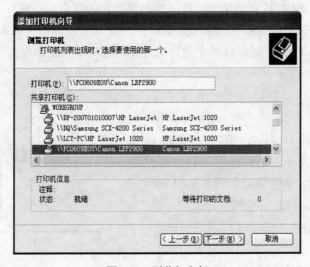

图3-28　浏览打印机

　　步骤 5：单击"下一步"按钮，打开"正在完成添加打印机向导"对话框，显示了用户设置的网络打印机的情况，单击"完成"按钮后，就可以像使用本地打印机一样使用网络打印机了，如图 3-30 所示。

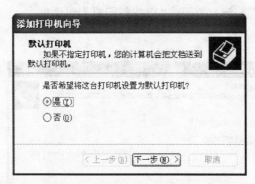
图3-29　设置是否为默认打印机

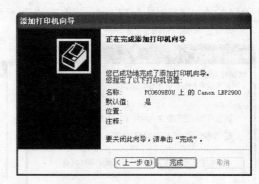
图3-30　完成添加打印机

相关知识

1．对等网通信协议

当 Windows 安装网卡时，下列网络项目也被默认地进行了安装和配置：Microsoft 网络用户、Microsoft 网络文件、打印机共享协议和 TCP/IP。

1）TCP/IP 在上一任务中已有详细介绍，它被广泛用于访问 Internet，并且是对等网络推荐使用的协议。在默认情况下，TCP/IP 自动在安装过程中对网络进行配置。

2）NetBEUI 与 TCP/IP 都可以用于连接局域网。理论上，对等网只需安装 NetBEUI 网络通信协议即可，NetBEUI 具有体积小、效率高、速度快的特点。虽然 NetBEUI 在局域网的速度非常快，但是它却在广域网中运行得非常慢，所以当计算机同时需要使用广域网（如 Internet）和局域网（LAN）时，就需要同时安装 TCP/IP 和 NetBEUI 两种协议来解决不同的网络需求。

3）如果希望共享打印机，并进行互联游戏的话，那么 IPX/SPX 也是不可或缺的。在 Windows NT Server/2000 Server /XP/2003 Server 中，Microsoft 提供了两个 IPX/SPX 的兼容协议，即"NWLink IPX/SPX 兼容协议"和"NWLink BIOS"，两者统称为"NW Link 通信协议"，兼容性更好。它一开始就考虑了多网段的问题，因此具有强大的路由功能，从而可用于跨网段的局域网中；其缺点是在小型的网络上，运行速度没有 NetBEUI 快。

4）网络协议的应用原则，如图 3-31 所示。

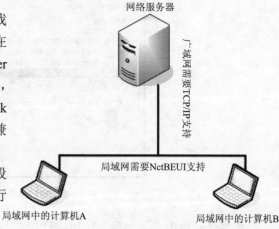
图 3-31　网络通信协议

在组建网络时，具体选择哪一种网络协议主要取决于网络应用目的、网络间的兼容性和网络管理等方面。需注意的是，因为每个协议都要占用计算机的内存，因此选择的网络协议越多，占用的计算机内存也就越多。这样既影响了计算机的运行速度，又不利于网络的管理。因此，只安装所需的网络协议是选择网络协议的基本准则。通常来说，网络协议的应用，应按照如下思路进行选择。

①组建简单型局域网的话，NetBEUI 通信协议是必不可少的。

②组建需要跨网段操作（如使用路由器或者多网卡等）的网络，NWLink IPX/SPX 兼容协议则当仁不让。

③组建较大的网络，并且需要接入 Internet 网络，TCP/IP 则是重中之重。

2．配置工作组

Windows XP 提供了一个工作组模型，它可以把使用对等网络的计算机组成各个工作组。打开"网上邻居"，可以发现工作组名称相同的计算机，其名称集中在一起显示，每个名称都对应网络中的一台计算机。

这种分组方法可以帮助用户方便地找到网络上的其他计算机。在安装网络软件的过程中，计算机会提示确定计算机的名字、工作组和网络密码。

每台计算机应该具有彼此不同的计算机名，再将其加入到工作组中，避免网络冲突，以便其他用户可以在网络上看到它。计算机名在其他用户浏览整个网络时显示出来。要确保为每台计算机起一个相同的工作组名，以便于通过工作组管理计算机及共享组内计算机软、硬件资源。

计算机名、工作组名可以在安装系统时完成设定，也可以在操作系统安装完毕后，通过右键单击"我的电脑"图标，打开"系统属性"对话框，单击"计算机名"选项卡（见图 3-32），再单击"更改"按钮，根据相关提示完成操作，就能实现更名和加入工作组。

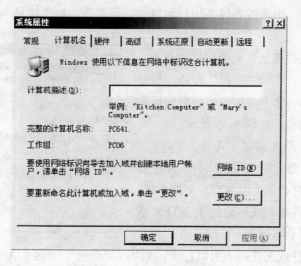

图3-32　工作组的查看和更改

任务拓展

对等网络的访问安全

现在很多企业都构建了内部网络，这既满足了现代办公的需求，也便于人们获取各种信息，但同时也面临着安全问题，因此，为了保障共享数据的安全，就必须采取各种防范措施。

（1）共享文件夹的隐藏

在局域网中共享文件夹时，有时需要使用隐藏该共享的方式，只有特定用户才能访问。

如果将要共享文件的属性设置为隐藏，其他用户在访问时就看不到所共享的文件了。但是，只要对方在计算机的"文件夹选项"对话框中，设置为"显示所有文件和文件夹"，就可通过网上邻居查看到隐藏的共享文件夹。所以，最有效的方法是使用"$"符号来隐藏共享文件夹。

在设置文件夹共享时，只要在文件夹的共享名后面加上一个"$"符号，例如，未隐藏时的共享文件名为"Works"，则隐藏后的共享名为"Works$"，这样，当其他用户在浏览计算机共享文件时，就看不到隐藏共享的文件，而必须知道共享文件的文件名，通过路径才可以访问，路径格式为"\\计算机名称或 IP 地址\共享文件夹名"。例如，共享文件夹的计算机 IP 地址为 10.0.4.100，共享名为 Works$，则访问该共享文件夹时就应该在地址栏中输入 \\10.0.4.100\Works$，才能访问。

注意：此处的"$"是必不可少的，否则将找不到该共享文件夹。

（2）共享文件夹的加密

为避免敏感的数据被其他用户窥视，可使用加密文件系统（EFS）对文件进行保护。Windows XP 的 EFS 具有安全、易用、快速的特点。其安全性表现在其他用户必须借助于密码才能访问加密文档；易用性表现在仅通过鼠标操作就可以加密和解密文档，而加密和解密过程对用户完全透明；快速性表现在用户可以像访问普通文档那样显示加密文档，在速度上不会有迟滞表现。

打开要加密的文件或文件夹的属性对话框，在"常规"选项卡中，单击"高级"按钮，打开"高级属性"对话框，选中"加密内容以便保护数据"复选框即可加密，如图 3-33 所示。

在使用 EFS 时，应注意以下几点：

1）只有 NTFS 卷上的文件或文件夹才能被加密，因此，格式化时必须采用 NTFS 文件系统。

2）将加密的文件复制或移动到非 NTFS 格式的卷上，该文件将会被解密。

3）被压缩的文件或文件夹不可以加密，当加

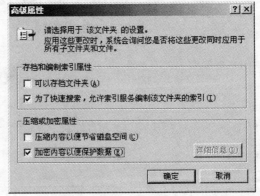

图 3-33　加密文件夹

密一个压缩文件或文件夹时，该文件或文件夹将被解压缩。

4）将非加密文件移动到加密文件中时，这些文件将在新文件夹中自动加密。然而，当执行反向操作，即将加密文件夹移动到非加密文件夹时，不能自动解密文件。

5）标记为"系统"属性的文件和位于 Systemroot 目录结构中的文件无法被加密。

被加密的文件夹或文件并不能防止被删除，或显示在 Windows 资源管理器中。因此，拥有相应权限的人员可以删除或列出已加密的文件或文件夹。所以，建议结合 NTFS 权限使用 EFS，并将重要的数据文件存储于安全位置。

（3）共享文件夹的访问控制

Windows XP 内置的 Internet 防火墙，不仅可用于保护单独的计算机，而且还可用于保护网络中的其他计算机。用于保护网络中其他计算机时，Windows XP 必须作为 Internet 连接共享（ICS）服务器。

从"控制面板"中打开"网络连接"窗口，选择一个本地连接，在其属性对话框的"高级"选项卡中可启用 Internet 防火墙。启用防火墙以后，可阻止外部网络连接到本地计算机，并且当本地计算机有程序与外部网络连接时还会提示用户，从而增加了计算机的安全性。

 **项目测试**

1．填空题

1）对等网络是一种升级投资小、组建、维护简单，在实际应用中经常用到的一种网络模式，对等网络有以下特点：用户数一般_____，所有用户处于_____，网络共享资源和打印机，连入对等网的机器通过简单设置即可以实现_____，数据安全性要求_____，不需要专门的服务器等特点。

2）基于服务器的网络一般有至少一台配置较高的服务器承担整个网络计算机用户的管理、_____或者_____等任务，整个网络有以下特点：网络中至少有一台_____，多台_____，客户端访问服务器端一般需要_____，整个网络系统安全性_____。

3）在对等网络中，对等网上各台计算机有_____功能，无主从之分，网上任意节点计算机既可以作为_____服务器，为其他计算机提供资源；也可以作为_____，以分享其他服务器的资源。

4）Internet 上的各计算机之间使用_____协议进行通信。

2．选择题

1）没有服务器的、工作站不多于 10 台的网络一般是_____网络。

A．混合型网络 　　　　　　　　B．总线型网络

C．基于服务器的网络 　　　　　D．对等网络

2）下面哪些描述不是基于服务器网络的特点。_____

A．网络中没有专门的服务器 　　B．网络中有专门的服务器

C．一般有网络管理员　　　　　　　　D．整个网络的安全性能较高

3）Internet 协议（TCP/IP）属性对话框中不能设置的参数是_____。

A．IP 地址　　　　　　　　　　　　B．默认网关

C．首选 DNS 服务器　　　　　　　　D．计算机名

4）常见的网络通信协议不包括_____。

A．TCP/IP　　　　　　　　　　　　B．NetBEUI

C．POP　　　　　　　　　　　　　D．IPX/SPX

3．简答题

1）对等网的特点是什么？

2）对等网的主要优缺点有哪些？

3）简述 Windows XP 双绞线对等网的组建过程。

4）两台计算机的对等网组建方式有哪些？

4．操作题

在寝室组建一个两台计算机组成的对等网。

项目 4　组建小型办公局域网

蝴蝶软件开发公司要组建一个内部网络，通过 ADSL 宽带接入，要求所有办公用计算机都能共享上网，上网用户为 10 个，公司内部能实现文件和打印机共享，小赵为网络公司员工，由他来设计和实施办公室局域网方案。

1）了解局域网的组建原则。
2）掌握局域网的连接和物理布置。

1）熟练撰写需求分析报告。
2）熟练选择合适的硬件设备。
3）熟练连接网络，设置多台计算机共享上网。

◎ 任务 1　组建办公室局域网的设计方案

任务分析

先分析局域网的组建需求，然后对蝶蝴软件开发公司办公室实地勘察，在绘制好拓扑结构图和网络设备物理拓扑图后选购设备。

任务实战

1. 撰写需求分析报告
具体步骤如下所示。
步骤 1：辨别目标和约束，获悉组网的相关信息。
1）该局域网位于同一个办公室，不涉及其他的房间。
2）电信的接口已经接入到了办公室内。
3）该办公室有 10 台计算机，一台打印机，一个 ADSL Modem（没有路由功能）及相应的连接线。

4）办公桌的位置要求沿墙摆放。

5）公司申请的是 8Mbit/s ADSL 宽带接入的。

6）暂时不进新员工，但不代表一直不进。

7）在价格浮动不到 8%的情况下，首先确保网络性能，而且要随时能上网。

8）该局域网的计算机主要用于办公之需，不需要经常移动或者说移动性不强。

步骤 2：明确用户功能要求，了解该局域网需要具备的功能。

1）共享硬件（打印机）和软件资源。

2）该办公室的所有计算机都要能通过电信接口上网，即 ADSL 方式拨号上网。

3）可能出现所有用户同时上网的情况。

4）有网络扩展的需求。

步骤 3：从技术角度来分析网络的功能能否满足用户需要。

1）局域网连接方式。因为这主要应用于办公室内的办公，移动性不强，因此放弃无线组网的方法而采用有线连接的方式。

2）技术选择。通常使用的解决办法有 3 种，见表 4-1。

方式 1：用一台性能较好的计算机当作服务器，安装两块网卡（一块网卡连接 Internet，另一块网卡连交换机），然后安装一个代理软件（如 Win Gate），其他计算机连到交换机上，通过这台服务器上网。

方式 2：用一台路由器连接 Internet 和交换机，计算机全部连到交换机上，通过路由器上网。

方式 3：用带路由功能的 ADSL Modem 连接 Internet 和交换机，计算机全部连到交换机上，通过路由器上网。

表 4-1　上网方式

	方式 1	方式 2	方式 3
接入 Internet 方式	ADSL 方式拨号上网		
互联设备	代理服务器+交换机	路由器+交换机	带路由功能的 ADSL Modem+交换机
上网情况	代理服务器关机的情况下，不能上网	随时能上网	随时能上网
成本	如果没有现成的计算机，则需要购买新计算机来做代理服务器，在计算机较多的情况下成本较低	购买小型路由器	购买带路由功能的 ADSL Modem

根据前面获得的信息及功能要求，发现购买一个小型路由器增加费用很少，只有 100 多元的样子，而且现在办公室只有 10 台办公用计算机，并没有多余的计算机，增加的费用没有超过 8%，但性能提高不少。而购买带路由功能的 ADSL Modem，会造成前面购买的不带路由功能的 ADSL Modem 浪费，性能也没有单独路由器那么好。因此，他决定采用第二种方式来实施局域网组建。

3）设备分析。局域网中的主要设备是路由器和交换机。根据目前的形势来看，交换机的价格比集线器高不了多少，而且针对带宽性能来说，交换机每个端口的带宽是独立的，而集线器的端口带宽是共享的，因此选择交换机较合适。

为了保证设备的兼容性、安全性、稳定性、转发速率等，最好选择同一品牌的交换机和路由器。当然要考虑设备的性能指标和价格。

步骤 4：拓扑结构需求分析。

1）该局域网并不涉及其他的房间，就处于同一个办公室。

2）办公桌要求沿墙摆放。

3）该办公室大约 $50m^2$。

因此，设备和信息插座全部处于同一个房间，拓扑结构非常简单。

步骤 5：网络发展需求——扩展性。

经理是说暂时不进新员工，但一年后、两年后呢，网络设计时应当为网络保留至少 3～5 年的可扩展能力，从而使在用户增加时，网络依然能够满足增长的需要。在本设计中一是要考虑交换机的扩展能力，另一方面在墙内预埋网线和信息插座时要考虑扩展的需要，因为布线工程完成后，要扩展就增加了难度。如果走明线，会影响美观，而且不是很安全，容易出现踢断线的情况。

按步骤考虑好后，对此进行了认真整理，撰写了需求分析报告，拿着需求分析报告再次同软件公司的经理进行了磋商，除了细节的商定外，经理对需求分析非常认同。于是，马上绘制了拓扑结构图和平面图。

2. 组网方案设计

步骤 1：利用 Visio 2010 绘制逻辑拓扑图，如图 4-1 所示。

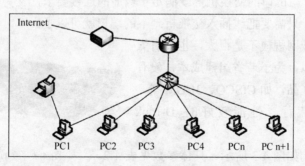

图4-1 逻辑拓扑图

拓扑结构图表明网络设备的逻辑位置，而网络设备需要安置在办公室内，在物理环境中如何摆放这些设备也影响到网络的性能、物理安全和外部美观。因此，室内也需要好好规划，需要根据办公室具体的环境绘制一个物理拓扑图，标明办公桌的形式和计算机、交换机、路由器的具体位置；另外，物理拓扑图也有利于日后的网络升级和维护，根据物理拓扑图，可以迅速定位每个网络设备的位置和信息插座情况。

步骤 2：绘制物理拓扑图（见图 4-2）

1）分析。该办公室的形状是 $50m^2$，一扇门，沿墙摆放 10 台计算机。

2）绘图。为了保证员工的正常工作及设备的利用率，设备都沿墙安放，在墙内走线和安放信息插座；交换机和路由器放置在机柜内，方便查线；交换机、路由器放在办公室靠墙的中间位置，方便两边的设备连接。

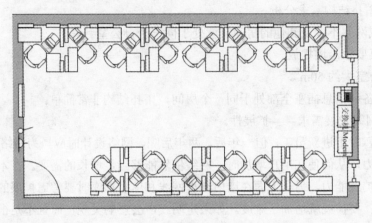

图4-2 物理拓扑图

3. 选购网络设备

（1）交换机选购

在该局域网的组建中，根据交换机的端口数和价格来选择交换机。网络要求有 10 台计算机需要连接，除此之外，还要有一个端口连接路由器，因此，交换机至少要保证有 11 个端口。因此，选择了 16 口的交换机，既满足了当前的连接要求，又为以后的发展预留了空间，方便以后扩展，只需要把线插入交换机剩下的端口就可以了。

另外，整个局域网规模不是很大，也没有太多的功能要求，所以，为了节省组建成本，没有选择大公司的名牌产品，如 CISCO、3COM 等，而是选择了比较流行、性能较好的 D-Link DES-1016D 产品。

该产品外观结构如图 4-3 所示，具体参数见表 4-2。

图 4-3 交换机产品外观图

表 4-2 产品参数列表

参数	应用类型	背板带宽（Gbit/s）	传输速率 Mbit/s	固定端口数	网络报价（元）	模块化插槽数
值	桌面型交换机	3.2	10/100	16	340	0

（2）路由器选购

在组网过程中，路由器的选择最重要，因为它是直接连接内网和外网的桥梁。由于我们采用 ADSL 宽带接入，那么就需要购买支持 ADSL 宽带接入的路由器，目前市场上大部分的路由器都支持 xDSL 接入，其中就包括了 ADSL 宽带接入，所以不用担心 ADSL 宽带接入的问题。只需要考虑路由器的性能和功能。在这里，我们采用了 TP-LINK R402M 宽带路由器。该路由器的外观如图 4-4 所示。

图 4-4　路由器产品外观结构图

该路由器提供 4 个 10/100Mbit/s 以太网端口和 1 个广域网端口，每个广域网端口均支持 MDI/MDIX 自适应，内置防火墙，提供基于 MAC 地址，IP 地址，URL 或域名的过滤，允许多个并发的 IPSec 和 PPTP VPN 会话通过，提供 1 个 USB1.1 打印机接口，内置打印服务器功能，基于 Web 的配置，是小型办公网络不错的选择。这款路由器的报价在 120 元左右。

（3）网线的选择

在该局域网中连接的是普通办公用户，并不需要很好的网线，普通的双绞线就可以满足需求。另外需要注意的是网线的长度，由于我们将网络设备摆放在办公室中间位置，一台计算机连接的网线并不需要很长，不会超过 20m，用户可以根据实际情况进行选择。

（4）机柜

在摆放路由器和交换机的地方，我们建议做一个小的便于散热的柜子，将路由器和交换机摆放在里面，便于散热和查线，因为如果散热困难，温度太高，很容易造成网络的不稳定。

（5）附件购买

为了使办公室网络布线更加美观大方、稳定可靠，还应该购买一些网络布线使用的附件，它们的价格都非常便宜，但是却可以使我们的网络显得更加专业好用。

1）线卡。线卡通常配有钢钉，用于将线缆固定在墙角、门框或其他地方，使线缆走线更加平整美观。线卡有很多不同的形状和尺寸，比如用于单根网线的小号线卡，用于固定多根网线的中号大号线卡等，如图 4-5 所示，应该按照之前的布线计划酌情购买。线卡的价格很便宜，几元钱就可以买上一大把。

2）线扎带。线扎带是用来捆绑线缆使用的材料，如图 4-6 所示。当要将多根线缆捆绑在一起方便部署的时候，线扎带就会非常方便，使用多条线扎带将一束网线捆扎起来，然后再用大号线卡固定在墙角、墙线上，就会显得非常美观整齐，它价廉物美，是宿舍布线不可缺少的材料。

图4-5　线卡

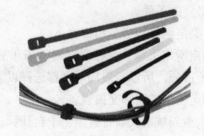

图4-6　线扎带

相关知识

1. 局域网的组建原则

（1）实用性和经济性

在网络的建设过程中，系统建设应始终贯彻面向应用，注重实效的方针，坚持实用、经济的原则。局域网设计保证有清晰、合理的层次结构，便于维护；网络信息流量合理，不产生瓶颈。

（2）先进性和成熟性

当前计算机网络技术发展很快，设备更新淘汰也很快。这就要求网络建设在系统设计时既要采用先进的概念、技术和方法，又要注意结构、设备、工具的相对成熟。只有采用当前符合国际标准的成熟先进的技术和设备，才能确保网络能够适应技术发展的需要，保证在未来几年内占主导地位。

（3）可靠性和稳定性

在考虑技术先进性和开放性的同时，还应从系统结构、技术措施、设备性能、系统管理、厂商技术支持及维修能力等方面着手，确保系统运行的可靠性和稳定性，达到最大的平均无故障时间。

（4）安全性和保密性

在系统设计中，既考虑信息资源的充分共享，更要注意信息的保护和隔离，因此系统应分别针对不同的应用和不同的网络通信环境，采取不同的措施，包括系统安全机制、数据存取的权限控制等。

（5）可扩展性和易维护性

为了适应系统变化的要求，必须充分考虑以最简便的方法、最低的投资，实现系统的扩展和维护。把当前先进性、未来可扩展性和经济可行性结合起来，保护以往投资，实现较高的总体性能价格比。

2. 局域网设计的步骤

（1）需求分析

需求分析是要了解局域网用户现在想要实现什么功能、未来需要什么功能，为局域网的设计提供必要的条件。

（2）确定网络的类型和带宽：

1）确定网络类型。现在局域网市场几乎完全被性能优良、价格低廉、升级和维护方便的以太网所占领，所以一般局域网都选择以太网。

2）确定网络带宽和交换设备 。

一个大型局域网（数百台至上千台计算机构成的局域网）可以在逻辑上分为以下几个层次：核心层、分布层和接入层。在中小规模局域网（几十台至几百台计算机构成的局域网）

中，可以将核心层与分布层合并，称为"折叠主干"，简称"主干"，称"接入层"为"分支"。对于由几十台计算机构成的小型网络，可以不必采取分层设计的方法，因为规模太小了，不必分层处理。目前快速以太网能够满足网络数据流量不是很大的中小型局域网的需要。但是在计算机数量超过数百台或网络数据流量比较大的情况下，应采用千兆以太网技术，以满足对网络主干数据流量的要求。网络主干和分支方案确定之后，就可以选定交换机产品了。现在市场上交换机产品品牌不下几十种。性能最高的当属 3COM、AVAYA、UCOM 等国外交换机品牌，这些产品占领了高端市场，价格也是非常昂贵的。以全向、神州数码 D-LINK、实达、长城、清华紫光为代表的国内交换机厂商的产品具有非常高的性能价格比，也可以选择。交换机的数量由联入网络的计算机数量和网络拓扑结构来决定。

（3）确定布线方案和布线产品

现在布线系统主要是光纤和非屏蔽双绞线的天下，小型网络多以超五类非屏蔽双绞线为布线系统。因为布线是一次性工程，因此应考虑到未来几年内网络扩展的最大点数。 布线方案确定之后，就可以确定布线产品了，现在的布线产品有许多，可以根据实际需要确定。

（4）确定服务器和网络操作系统

服务器是网络数据储存的仓库，其重要性可想而知。服务器的类型和档次应与网络的规模和数据流量以及可靠性要求相匹配。如果是几十台计算机以下的小型网络，而且数据流量不大，选用工作组级服务器基本上可以满足需要；如果是数百台左右的中型网络，至少要选用部门级服务器；如果是上千台的大型网络，5 万元甚至 10 万元以上的企业级服务器是必不可少的。市场上可以见到的服务器品牌也非常多，IBM、惠普、康柏等国外品牌的服务器享有比较高的品牌知名度，但是价格也比较高；国产品牌服务器的地位也在不断提升，如浪潮、联想、长城、实达、方正等。 服务器的数量由网络应用来决定，可以根据实际情况，配备 E-mail 服务器、Web 服务器、数据库服务器等，也可以让一台服务器充当多种服务器角色。网络操作系统基本上包括微软的 Windows 2000 Server、传统的 UNIX 和新兴的 Linux，可以根据网络规模、技术人员水平、资金等综合因素来决定究竟使用哪种网络操作系统。

3．综合布线系统

布线设计中，需要用到的设备不少，比如网线、PVC 管、信息插座、多媒体布线箱等。丰富的布线设备可以保证网络在布线这个环节上做到最好。总的说来，需要注意以下几个方面。

（1）抗干扰

综合布线在布线设计时，应当综合考虑电话线、电力线和双绞线的布设。电话线和电力线不能离双绞线太近，以避免对双绞线产生干扰，但也不宜离得太远，相对位置保持 20 cm 左右即可。

（2）注重美观

办公室布线更注重美观，因此，布线施工应当与装修时同时进行，尽量将电缆管槽埋藏于地板或装饰板之下，信息插座也要选用内嵌式，将底盒埋藏于墙壁内。

（3）中央连接设备的安装

中央连接设备通常是指交换机等组网设备。它应安装在各信息点的中央，条件许可的话最好也安装到墙壁上，这样可以节省室内空间。

任务拓展

1. 家庭组网方式的选择

首先要考虑家庭网络中计算机的总数量，因为宽带路由器上自带有4个局域网接口，即其可以直接实现与4台计算机的连接；如果家庭网络中的计算机多于4台，则还需要准备一台交换机产品，以实现更多计算机接入的需要。因此，家庭组网方式一般分为两种情况。

1）ADSL Modem+宽带路由器。

2）ADSL Modem+宽带路由器+交换机。

2. 家庭组网路由器的选择

家庭网络由于计算机数量不是很多，而且有关上网的应用要求也不是很高，因此在路由器的选择上主要以实用性为主，目前市场上一些性价比较高的专门的家庭宽带路由器值得选择。以下将为大家介绍有关家庭宽带路由器的选择原则。

目前家用宽带路由器的价格已经比较透明，一般家庭用户选择价位在一百多元的4口宽带路由器比较合适，因为是家庭购买，所以产品的质量、价格、易用性和售后服务都要符合经济实用的原则。

（1）追求经济实用

前面已经提到，家庭用户的计算机数量较少，而且对路由器的性能基本上没有什么要求，因此几乎任何一台宽带路由器都能胜任；另外，家庭用户没有什么关键性的网上应用，因此就功能而言，只要能够满足用户需要即可，普通家庭用户完全可以选择功能最简单的产品。

还有就是价格，目前一般功能完备、性能稳定的家用级宽带路由器，价格大致在百元左右，已经完全能满足实际应用的需要；没有必要追求高性能而去选购价高的产品。

（2）管理维护方便

家庭用户通常并不具备较为专业的路由器技术，因此要求选购到的宽带路由器不管是在配置上，还是管理维护上，都要尽量体现简单、方便。

比如产品要有全中文的配置界面和详尽的中文说明书，全程的中文配置向导，使用户能够一步步地完成各种 Internet 接入方式的配置过程；产品所有端口全部采用智能端口，能够自动判断连接端端口类型；具备自动恢复路由器的出厂默认值功能等。

3. 结构化布线

网络应用已经成为人们工作、生活的一个重要部分，布线对提高网络系统的可靠性起到很重要的作用。它不但能够方便、快捷地对通信设备进行安装、调试、更换和维修，还能保证网络的灵活扩展性以及日后的可升级性，把以后所面临的系统维护工作量以及系统维护所需要的费用，都尽可能地控制在最低限度。

（1）布线系统

随着技术的发展和时代应用的要求，可将布线系统分为传统布线系统和结构化布线系统两种。

1）定义。结构化布线系统（Premises Distribution System，PDS）是指按标准的、统一的和简单的结构化方式编制和布置各种建筑物（或建筑群）内各种系统的通信线路，包括网络系统、电话系统、监控系统、电源系统、照明系统等。因此，综合布线系统是一种标准通用的信息传输系统。

2）结构化布线系统与传统布线系统。结构化布线系统是先根据建筑物的情况，在所有可能放置设备的位置都铺好线路，然后根据实际要求，设备的位置再进行连线。传统布线系统是先安放设备，根据设备位置来铺设线路。因此，两者的区别主要在于结构化布线系统的结构，它与当前连接设备所处的位置无关。

（2）结构化布线标准

AT&T 的 PDS 结构化布线系统所使用的元器件，都是贝尔实验室按照美国电子工业协会和电信工业协会的标准设计的，在出厂时通过了按这些标准进行的测试。主要标准为：

1）EIA/TIA-568 民用建筑线缆标准。

2）EIA/TIA-569 民用建筑通信通道和空间标准。

3）IEEE 802.3 总线式 Ethernet 局域网标准。

4）IEEE 802.5 环路局域网标准。

5）ANSI FDDI 光纤分布式数据接口高速局域网标准。

6）TPDDI 铜线分布式数据接口高速局域网标准。

7）ATM 异步传输模式标准。

8）RS232 RS422 异步和同步传输标准。

（3）结构化布线的组成

1）设备室子系统。指语音系统的电话总机房和数据系统的网络设备室，该子系统主要由配线架和连接配线架与设备的电缆组成。

2）配线架子系统。指除设备室外，所有楼层的配线架。

3）垂直干线子系统。提供垂直方向的电缆，组成楼层之间及外界通信的通道。

4）水平干线子系统。通常使用无屏蔽双绞线（UTP），将垂直干线延伸到用户工作区；在需要高速应用时，水平干线也可以采用光缆。

5）工作区子系统。由信息插座及连接到用户设备的连线组成。

6）建筑群子系统。指将一幢建筑物中电缆延伸到另一建筑物，包括电缆、光缆和一些电气保护设备。

各子系统如图 4-7 所示。

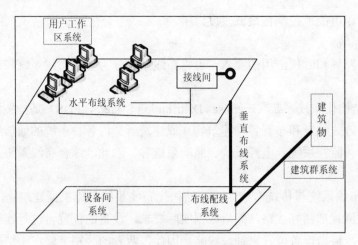

图4-7　结构化布线的组成

（4）布线阶段

1）设计。应根据办公局域网信息点的实际情况和成本，考虑采用的布线方式。如图书馆布局是4层，1～3层的信息点分散，分布不均，距离较远，4层为办公室，可采用分级式布线，4层采用集中式，所有信息点的线缆都直接由机房接出到位。如果办公局域网信息点分布均匀则可采用集中式布线方式。

产品选择可根据成本进行，如果经济条件宽裕则可选用较好的产品，如 AT&T 公司的布线产品；如经济条件有约束则可选用价位相对较低的产品，如 AMP 公司的布线产品，既保证了质量又能使用户满意。

选择产品时最好选择同一家的产品，因为不同厂家的网络产品其内部材料的阻抗是不一样的，阻抗中的细微差别都可能对高速通信网络的信号衰减产生很大的影响，从而影响整个网络通信系统的通信质量。这在网络速度不高（如低于或等于 10Mbit/s）的情况下，可能影响不是很明显；但当速度达到 100Mbit/s 或更高时，则影响会表现得很明显。

另外，对于线缆的使用应该注意不要一线两用，比如一根线既作网线又作电话线等。

2）施工。

3）检测验收。布线工作完成之后要对各信息点进行测试检查。可采用 FLUKE 等专用仪器进行测试，根据各信息点的标记图进行。若发现有问题则可先做记录，等全部测完之后对个别有问题的地方进行再检查。测试的同时做好标号工作，把各点号码在信息点处及配线架处用标签纸标明并在平面图上注明，便于今后对系统进行管理、使用及维护。一般验收都是在两头发现问题，这可能是配线架没做好，也可能是模块没做好，还有一种可能就是上面板时螺钉钻入网线造成短路现象等。

全部测试完成之后，对平面图进行清理，最后做出完全正确的标号图，以备查用。

验收时应对网络进行全面检测。往往只顾及网络连通性的测试，即只要网络通就行了。其实，常会忽略线与线之间的串扰是否满足要求，网络速度是否达到网络设备的标称值等，这是应该特别引起注意的事情。

◎ 任务 2 实施组建办公室局域网

任务分析

ADSL 有线路由上网，是目前最为流行和常见的共享上网方法。其实现过程主要是配置好宽带路由器的自动拨号功能。下面详细介绍此类上网方式的设置与实现过程。

任务实战

1. 局域网硬件连接

根据拓扑结构图，我们采用 ADSL Modem+宽带路由器+交换机的方式。

首先将电话线插入 ADSL Modem 的 LINE 口（或 ADSL 口），然后用一条以太网线（交叉网线）把 ADSL Modem 的 Ethernet 口和宽带路由器的 WAN 口相连。并把 ADSL Modem 接上电源，暂不开启电源。

然后再用一条以太网线（直连线）把宽带路由器的 LAN 口（在提供的 4 个接口中任选一个）和交换机中任一 LAN 口相连。

网络内的计算机可以直接与宽带路由器相连，当然，一般多是通过交换机与宽带路由器实现连接，当把计算机全部接入交换机的各个端口时，最好在线上附上连接标记，以备日后能很快查找到计算机。

整个硬件设备环境的连接示意图，如图 4-8 所示。

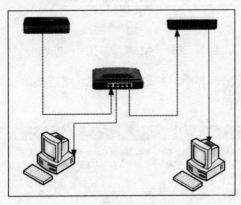

图4-8 连接示意图

2. 局域网路由设置

要实现多台计算机的同时共享上网，主要设置的地方就是宽带路由器。下面以 TP-LINK R402M 宽带路由器为例，为大家介绍其中的基本设置过程，如图 4-9 所示。

步骤 1：从产品说明书中找到宽带路由器的默认登录地址及登录账号信息；然后在浏览器中输入默认 IP 地址，接着在弹出的登录界面中输入默认账户实施登录，如图 4-10 所示。

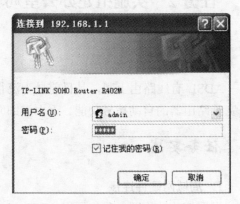

图4-9　TP-LINK R402M外观　　　　　　　　图4-10　登录界面

步骤 2：进入管理界面后，可从左方选项栏中单击"设置向导"选项，运行产品的设置向导，进入路由配置。

步骤 3：在接下来的设置界面中，选择当前网络的接入方式，通常选择"ADSL 虚拟拨号（PPPoE）"，单击"下一步"按钮，如图 4-11 所示。

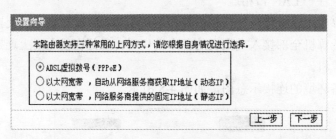

图4-11　选择"ADSL虚拟拨号（PPPoE）"

步骤 4：进入宽带账号输入界面，在此输入当前网络连接的账户名及密码后，再单击"下一步"按钮，如图 4-12 所示。

图4-12　输入宽带连接账户信息

步骤 5：最后单击"完成"按钮即可完成上网路由的配置。

步骤 6：完成路由器的一般路由上网配置后，接下来就是对整个网络连接的宏观控制。比如是否启用 DHCP 服务、是否配置必要的安全控制等。在"DHCP 服务器/DHCP 服务"选项下，单击"启用"选项，再定义局域网内允许使用的 IP 地址起止范围即可。这样网络内计算机接上网线即可实现共享上网，如果不打开 DHCP 服务，其他共享连接的计算机必须配置 IP 地址才能接入互联网，如图 4-13 所示。

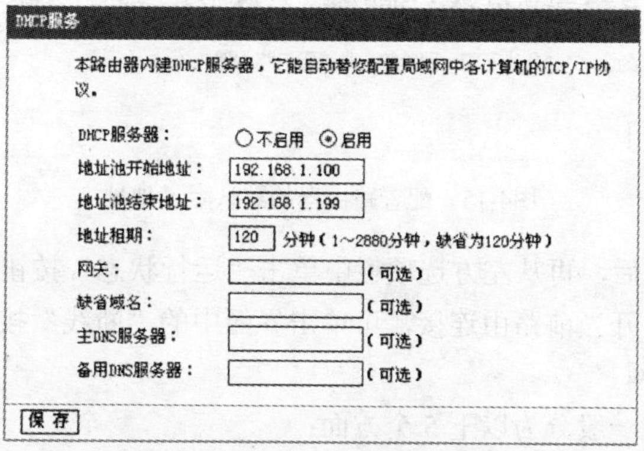

图4-13 配置DHCP服务

步骤 7：在"安全设置"下，可以打开/关闭防火墙、打开/关闭 IP 地址过滤、打开/关闭域名过滤等，单击左方的分选项如图 4-14 所示，可进行具体的设置界面。

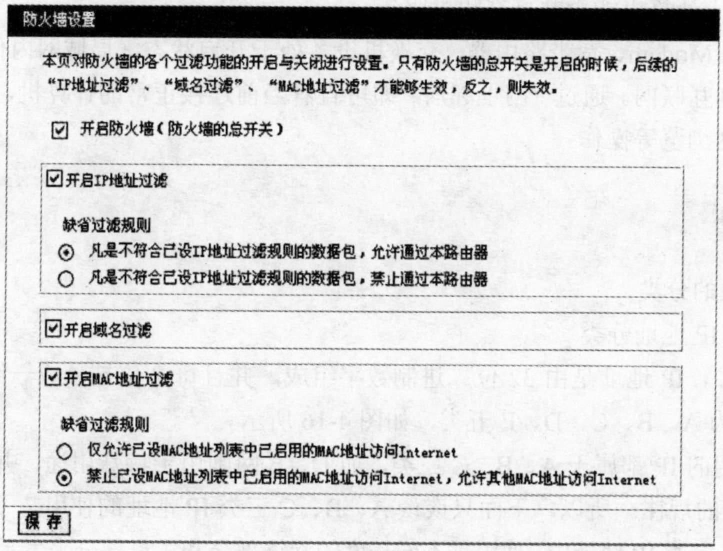

图4-14 路由器安全配置

步骤 8：如果要重新设置路由器默认的 LAN 口基本网络参数，即默认的 IP 地址和子网掩码，可以在"网络参数"下的"LAN 口设置"中设置，如图 4-15 所示。

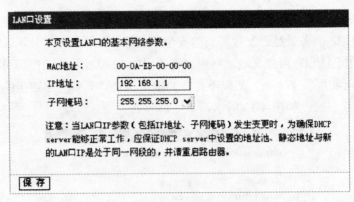

图4-15 配置路由器的默认登录地址

步骤 9：配置完成后，再从左方选项栏中单击"运行状态"按钮，即可查看到当前网络的运行情况，如果要断开当前路由连接，可单击界面中的"断线"按钮。

3．测试与共享上网

网络连通性的测试一般分为以下 5 个方面：

1）测试个人计算机 TCP/IP 安装是否正确。

2）测试个人计算机网卡是否工作正常。

3）测试计算机之间的连通性，个人计算机之间是否能够相互访问。

4）测试个人计算机是否能够正常上网。

5）测试个人计算机能否共享打印机服务。

只要 ADSL Modem、宽带路由器、交换机设备处于开启状态，局域网内任一计算机开机即可自动连接到互联网。通过"网上邻居"即可查看当前连接正常的计算机，通过 IE 浏览器即可开始互联网浏览等操作。

相关知识

1．IP 地址的分类

（1）标准 IP 地址分类

在计算机中，IP 地址是由 32 位二进制数字组成，并且每 8 位被分成一组，一共 4 组。IP 地址可以分为 A、B、C、D、E 五类，如图 4-16 所示。

通常，使用的 IP 都属于 A、B、C 三类，而 D、E 网则用于特殊用途，并且不使用和 A、B、C 类网相同的规律。所以，下面只谈谈 A、B、C 三类 IP 地址的使用。

在 A、B、C 三类 IP 地址中，使用了不同长度的网络部分和主机部分来表示地址，在图 4-16 中可以看到三类 IP 地址中四组数据的使用区别。由于每个 IP 地址的网络部分数字决定了它默认的子网掩码，所以清楚地知道网络部分和主机部分的数字范围是十分有必要的。

对于专业的网络管理人员来说，需要知道以下知识：

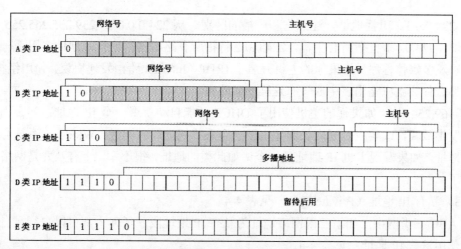

图4-16　IP地址分类

A 类地址：适合于超大型的网络。我们知道，IP 地址分为 w.x.y.z 4 个组（即 4 个字节），其中的 w 是其网络部分，w 值的可用范围是 1～126，所以可以提供 126 个 A 类的网络数。而主机部分是 x.y.z 3 个字节（1Byte=8bit），因此 24 位可以支持（2^{24}）$-2=16777216-2=16777214$ 台主机。

B 类地址：适合于大、中型网络，其网络部分占用 w.x 两个字节，由于 w 的可用范围是 128～191，因此可以提供（191-128+1）×256=16384 个网络数。而主机部分共占用 y.z 两个字节，因此每个网络可以支持（2^{16}）$-2=65536-2=65534$ 主机。

C 类地址：适合办公及家庭小型网络，其网络部分占用 w、x、y 3 个字节，由于 w 的可用范围是 192～223，所以它可以提供（223-192+1）×256×256=2097152 个 C 类网络。而主机部分只占用 z 一个字节，所以每一个网络只能使用（2^8）$-2=254$ 台主机。

（2）特殊 IP 地址（见表4-3）。

表4-3　特殊 IP 地址

网络 ID	主机部 ID	地址类型	用途
Any	全 "0"	网络地址	代表一个网段
Any	全 "1"	广播地址	特定网段的所有节点
127	Any	环回地址	环加测试
全 "0"		本机地址/所有网络	启动时使用/通常用于指定默认路由
全 "1"		广播地址	本网段所有节点

这些 IP 的出现都具有不同的含义，如，有些 IP 的出现表示网络环境已经出现了问题。

1）0.0.0.0。严格说来，0.0.0.0 已经不是一个真正意义上的 IP 地址了。它表示的是这样一个集合：所有不清楚的主机和目的网络。这里的"不清楚"是指在本机的路由表里没有特定条目指明如何到达。

2）224.0.0.1。组播地址，注意它和广播的区别。从 224.0.0.0 到 239.255.255.255 都是这样的地址。224.0.0.1 特指所有主机，224.0.0.2 特指所有路由器。这样的地址多用于一些特定的程序以及多媒体程序。如果你的主机开启了 IRDP（Internet 路由发现协议，使用组播功能）功能，那么你的主机路由表中应该有这样一条路由。

3）169.254.x.x。如果你的主机使用了 DHCP 功能自动获得一个 IP 地址，那么当 DHCP 服务器发生故障，或响应时间太长而超出了一个系统规定的时间时，Windows 系统会分配这样一个地址。如果发现主机 IP 地址是一个诸如此类的地址，很不幸，十有八九是网络不能正常运行了。

（3）私有 IP 地址（Private IP），见表 4-4

在 ABC 三类网中，如下三段网络地址为私有 IP 地址段，任何人都可以自行在自己的局域网中使用这些 IP 地址，见表 4-4。

表 4-4　私有 IP 地址

类　别	地　　址
A	10.0.0.1～10.255.255.254
B	172.16.0.1～172.31.255.254
C	192.168.0.1～192.168.255.254

这些地址被大量用于内部网络中，一些交换机、路由器也往往使用 192.168.1.1 作为默认地址。私有网络由于不与外部互连，因而只能够在内部网络中使用。如果要使用私有地址接入 Internet，需要使用 NAT（Network Address Translation，网络地址转换技术）将私有地址翻译成公用的合法地址。

2. IP 地址规划

（1）标准 IP 地址掩码（见图 4-17）

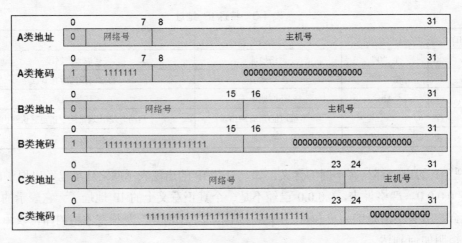

图4-17　标准IP地址掩码

（2）本项目 IP 地址规划

根据实际情况，宽带路由器的 WAN 接口可以使用 ADSL Modem 从 ISP 动态获取互联网公有 IP 地址。内部用户配置 C 类私有 IP 地址 192.168.1.0/24，即可满足需求。配置 ADSL 路由器实现对私有 IP 地址段（192.168.1.0/24）进行 NAT 转换，从 ISP 动态获取的互联网公有 IP 地址。从而实现内部用户访问互联网。宽带路由器内部接口 IP 可设置为：192.168.1.1/24。

任务拓展

ADSL Modem+宽带路由器的连接方法

当小型局域网络中计算机的总数量少于 4 台时，只需要使用一台宽带路由器即可，ADSL Modem 作为接入互联网的设备必不可少。连接时，按下述步骤进行：将电话线插入 ADSL Modem 的 LINE 口（或 ADSL 口），然后用一条以太网线（交叉网线）把 ADSL Modem 的 Ethernet 口和宽带路由器的 WAN 口相连。

然后再用一条以太网线（直连线）把宽带路由器的 LAN 口（在提供的 4 个接口中任选一个）和计算机中的网卡相连。整个硬件设备环境的连接示意图如图 4-18 所示。

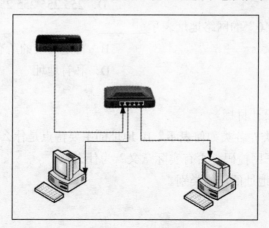

图4-18　连接示意图

连好线后，观察宽带路由器面板指示灯，看网络是否连接正确。只要连接的计算机未断电，宽带路由器前的面板指示灯即会亮起，由此即可确定完成硬件连接。

项目测试

1. 填空题

1）路由器是一种连接多个_____或_____的网络设备，它能将不同网络、网段或 VLAN 之间的数据信息进行"翻译"，以使它们能够相互"读"懂对方的数据，从而构成一个_____的网络。

2）每个路由器中都存有一个路由表，路由表为路由器存储了到达网络上任一目的地所需要的一切必要信息，这些信息主要包括目的 IP 地址、_____、_____和为数据报的传输指定一个网络接口等。

3）家庭组网方式一般分为_____和_____两种情况。

4）局域网的组建原则包括_____、_____、_____、_____和_____。

2. 选择题

1）以下禁止网吧服务的对象是_____。

A. 大学生   B. 老年人

C. 成年人   D. 未成年人

2）合法的 IP 地址是_____。

A. 192.68.0.1   B. 200.201.198

C. 127.45.89.213   D. 108.16.99.35

3）C 类 IP 地址的默认子网掩码是_____。

A. 255.0.0.0   B. 255.255.0.0

C. 255.255.255.0   D. 255.255.255.255

4）主机部分全为"0"的网络地址表示_____。

A. 代表一个网段   B. 特定网段的所有节点

C. 组播地址   D. 私有地址

3. 简答题

1）简述局域网的设计目标。

2）IP 地址分为几类？各类如何表示？IP 地址的主要特点是什么？

3）C 类网络使用子网掩码是否有实际意义？为什么？

4）试辨认以下 IP 地址的网络类别。

①128.36.199.3；

②21.12.240.17；

③183.194.76.253；

④192.12.69.48；

⑤89.3.0.1；

⑥200.3.6.2。

4. 操作题

使用有线宽带路由器在宿舍组成一个小型局域网共享上网。

项目 5 架构和配置 Web 服务器

通过前几个项目的学习，局域网已经搭建完成了，小王想在局域网中提供各种网络服务，不知道怎样操作，我们和他一起来学习一下吧。

1）掌握活动目录的安装和使用。

2）熟练掌握 FTP、WWW 服务器的配置和管理。

1）掌握活动目录、FTP、WWW 服务器的含义和作用。

2）熟练各服务器安装前的准备工作。

任务 1 搭建 Web 服务器

任务分析

通过本任务的学习，你将会在 Windows 2000 Server/XP/2003 Server 环境下轻松搭建自己的 Web 服务器。

任务实战

1. IIS 与 Web 服务组件的安装与配置

在 Windows 2003 Server 中，安装 IIS 有 3 种途径：利用"管理您的服务器"向导；利用控制面板"添加或删除程序"的"添加/删除 Windows 组件"功能；执行无人值守安装。

以控制面板"添加或删除程序"的"添加/删除 Windows 组件"功能为例，说明安装过程（其他操作系统的操作方法大体相同）。

1）进入控制面板，双击"添加或删除程序"按钮，单击"添加/删除 Windows 组件"，如图 5-1 所示。

2）选择"应用程序服务器"，单击"详细信息"按钮，弹出"应用程序服务器"对话框，在其中选择"Internet 信息服务（IIS）"复选框，单击"确定"按钮，如图 5-2 所示。

3）依次执行 Windows 的"开始"→"所有程序"→"管理工具"→"Internet 信息服务（IIS）

管理器"命令,即可启动"Internet 信息服务(IIS)管理器"窗口,如图 5-3 所示。

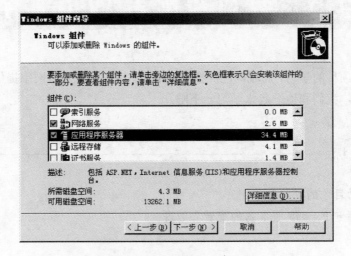

图5-1 添加/删除Windows组件

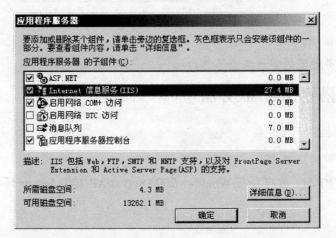

图5-2 "应用程序服务器"窗口

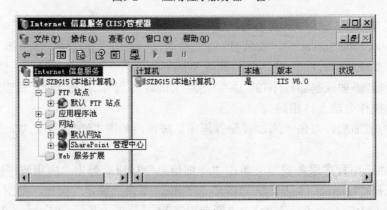

图5-3 启动IIS

2．用 IIS 架设网站

（1）Web 服务实现准备

IIS 安装成功后，自动产生一个默认的 Web 站点，为整个网络提供 Web 服务。在小型网络中往往只有一台 Web 服务器，但有时一个 Web 站点又无法满足工作要求，因此，可以在一台服务器上设置多个 Web 站点。为了实现这个任务，最好是在同一服务器上绑定多个 IP 地址。每个 Web 站点分别指定一个不同的 IP 地址，并采用默认 TCP 端口号 80。

在 Windows 2003 Server 上，除网卡对应的 IP 地址外，还可以绑定多个 IP 地址，用于设置内部多个 Web 和 FTP 虚拟站点。对绑定的多个 IP 地址没有限制，可以是不同网段的，而所有的 IP 地址都可绑定在一块网卡上，在服务器上进行 IP 地址的设置及多个 IP 地址绑定的操作步骤如下。

1）选择 "网上邻居" 并单击鼠标右键，在弹出的快捷菜单中选择"属性"菜单项，打开"网络连接"窗口，选择"本地连接"并单击鼠标右键，在弹出的快捷菜单中选择"属性"选项，打开"本地连接属性"对话框，选择"Internet 协议（TCP/IP）"，单击"属性"按钮，如图 5-4 所示。

2）在弹出的"Internet 协议（TCP/IP）属性"对话框中，可以看到服务器的"IP 地址"为 192.168.1.10，"掩码子网"为 255.255.255.0。要设置多个同时绑定在同一块网卡上的多个 IP 地址，需要单击"高级"按钮，如图 5-5 所示。

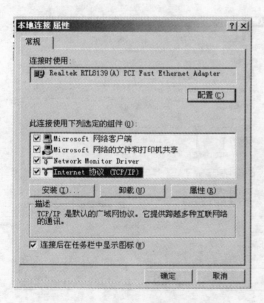

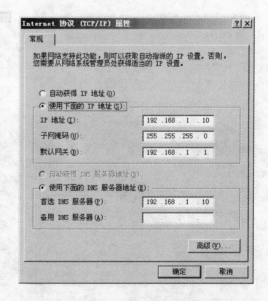

图5-4 "本地连接属性"对话框　　　　图5-5 "Internet协议（TCP/IP）属性"对话框

3）在弹出的"高级 TCP/IP 设置"对话框中，单击"添加"按钮，在弹出的"TCP/IP 地址"对话框内输入要添加的 IP 地址及子网掩码，子网掩码一律输入 255.255.255.0，IP 地址可以在 192.168.1.1～192.168.255.254 之间选择。这里新增两个 IP 地址：192.168.1.30、192.168.1.31，如图 5-6 所示。

4）输入完毕后，单击"确定"按钮，再次单击"确定"按钮，使设置生效。

如果要使用一个 IP 地址执行多个 Web 站点时，可以有两种方法实现。①用 TCP 端口号来区分各个不同站点，这时客户浏览时必须要在浏览器地址栏上输入完整的 URL，即协议、IP 地址（域名）、端口号，例 http://192.168.1.10:8080；②采用不同主机头名称，将多个站点对应到单一 IP 地址上，即通过指定主机头名称的方法来实现。所谓"主机头名称"，实际上就是指如"www.txb.com"和"www.txb1.com"之类的网址，因此，在使用"主机头"标识不同的站点时，还必须先进行 DNS 解析。在 DNS 中将"www.txb.com"和"www.txb1.com"都指向同一 IP 地址。

（2）"默认 Web 站点"的设置及访问

在完成上述准备工作后，接下来就通过 IIS 来实现 Web 服务器的配置。首先通过对"默认 Web 站点"进行属性修改来实现 Web 服务。"默认 Web 站点"一般是用于向所有人开放的 Web 站点，局域网中的任何用户都可以无限地通过浏览器来查看它。该站点的主目录默认为 C:\Inetpub\www.root。选择"默认 Web 站点"并单击鼠标右键，在弹出的快捷菜单中选择"属性"菜单项，此时就可以打开"默认网站属性"对话框，在该对话框中，可以完成对站点的全部配置，如图 5-7 所示。

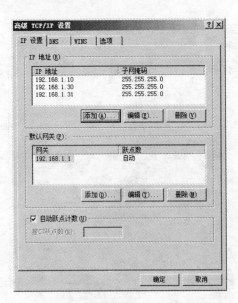

图5-6　"高级TCP/IP设置"对话框

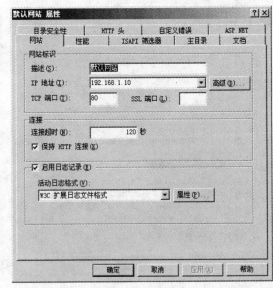

图5-7　"默认Web 站点"的属性设置

1）主目录与启用父路径。选择"主目录"选项卡，切换到主目录设置页面，如图 5-8 所示。该页面可以实现对主目录的更改或设置。

在主目录的"配置"选项中，注意检查启用父路径选项是否勾选，如未勾选将对以后的程序运行有部分影响，如图 5-9 所示。

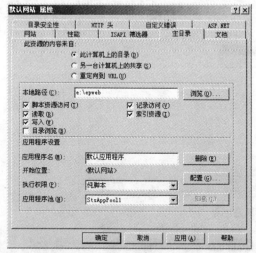

图5-8　主目录设置页面　　　　　　　　　图5-9　启用父路径

2）设置主页文档。选择"文档"选项卡，可切换到对主页文档的设置页面。主页文档是在浏览器中输入网站域名，而未制定所要访问的网页文件时，系统默认访问的页面文件。常见的主页文件名有 index.htm、index.html、index.asp、index.php、index.jap、default.htm、default.html、default.asp 等。

IIS 默认的主页文档只有 default.htm 和 default.asp，根据需要，利用"添加"和"删除"按钮，可以为站点设置所能解析的主页文档。

这样 IIS 默认的网站设置基本上完成了，在客户端可以通过 IE 浏览器访问该网站，既可以用服务器 IP 地址（如 http://192.168.1.10/），也可以用服务器域名地址（如 http://ep.blsh.net/，此时要求已启动 DNS）。

（3）"新建 Web 站点"的设置及访问

在 IIS 中通过创建虚拟站点在同一台 Web 服务器上提供　　　Web 站点服务，满足用户建立多种不同网站的需要。下面以新建一个访问服务器的另一个 IP 地址 192.168.1.30 的站点为例进行说明。之前先创建一个"E:\myweb"文件夹，将相应的 Web 发布内容放至该文件夹中。

1）选择"Internet 信息服务"窗口中的服务器名，执行"新建"→"网站"命令，如图 5-10 所示。

2）在"网站描述"对话框中，输入站点说明，单击"下一步"按钮，如图 5-11 所示。

3）在弹出的"IP 地址和端口设置"对话框中，设置 IP 地址和端口，其中 IP 地址要在下拉列表中选择，在此下拉列表中有该服务器上绑定的全部 IP 地址，这里选取 192.168.1.30，如图 5-12 所示。端口采用默认值 80，单击"下一步"按钮。

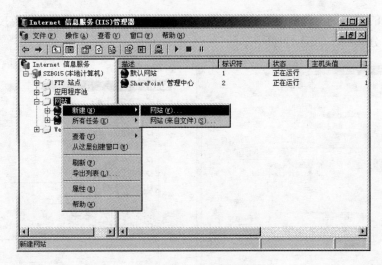

图5-10　新建网站

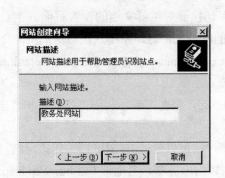

图5-11　站点描述

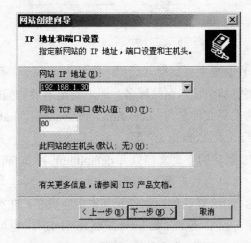

图5-12　设置IP地址和端口

4）打开"网站主目录"对话框，在 Web 站点主目录中输入选定的路径"E:\myweb"，单击"下一步"按钮，如图 5-13 所示。

5）打开"网站访问权限"对话框，在此对话框中可以设置访问权限，一般默认选择"读取"和"运行脚本"复选框，单击"下一步"按钮，如图 5-14 所示。

6）然后将弹出如图 5-15 所示的"已成功完成网站创建向导"对话框，单击"完成"按钮，则完成了 Web 站点的创建。

7）在"Internet 信息服务"窗口中可以看到一个名为"教务处网站"的新的 Web 站点已被创建，如图 5-16 所示。

（4）Web 站点的管理与维护

在安装配置好 Web 站点后，只要将设计好的 Web 网页文件放入该服务器的正确目录中，就可以通过浏览器浏览 Web 站点。为了使 Web 站点能保持在良好的运行状态，还需经常对 Web 站点进行管理和维护。

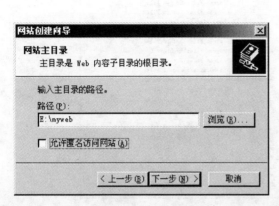

图5-13　主目录设置

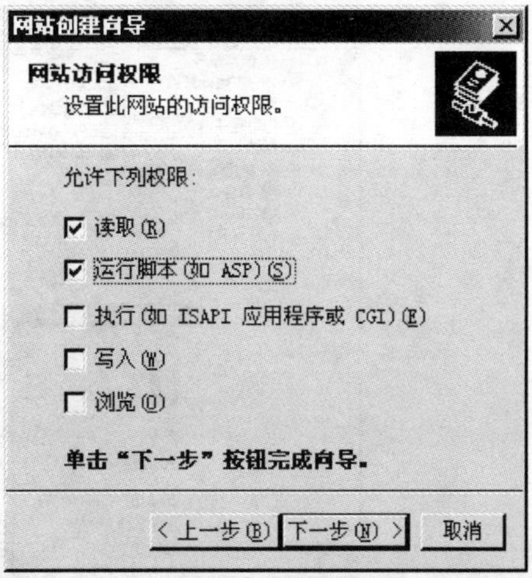

图5-14　访问权限设置

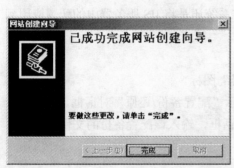

图5-15　站点创建完成

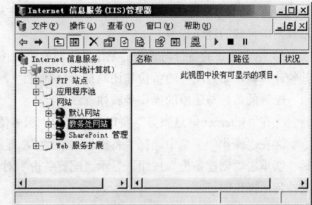

图5-16　新创建的Web站点

1）Web 站点的启动、停止、暂停。在默认情况下，Web 站点创建成功后，或者在计算机重新启动时都将自动启动。停止站点将停止 Web 服务，暂停站点将禁止 Web 服务接受新的连接，但不影响正在进行处理的请求。启动站点将重新启动或恢复 Web 服务。

开始、停止或暂停 Web 站点的方法：在"Internet 信息服务"窗口中，选择想执行操作的 Web 站点并单击鼠标右键，在弹出的快捷菜单中选择相应的命令。或者，也可以选择想执行操作的 Web 站点，再在工具栏中选择"开始"、"停止"或"暂停"按钮，如图 5-17 所示。

2）删除 Web 站点。删除站点的操作方法如下：在"Internet 信息服务"窗口中，选择想要删除的 Web 站点，再在工具栏中单击"删除"按钮；也可以选择准备执行删除操作的 Web

站点并单击鼠标右键，在弹出的快捷菜单中选择"删除"菜单命令即可删除。

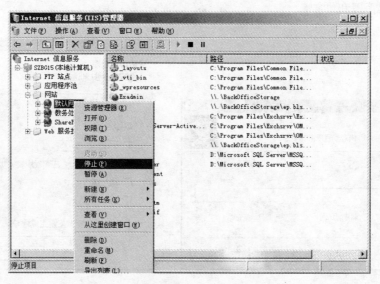

图5-17　开始、停止或暂停Web站点

注意：删除 Web 站点，其实并没有真正删除它们的主目录文件，而只是删除了从 Web 站点到主目录的逻辑影射。

3）站点配置的备份与还原。无论是重新安装操作系统还是将 IIS 服务器中的配置应用到其他计算机，站点配置的备份和还原都十分有用。

配置的备份与还原的操作步骤如下：

①在"Internet 信息服务"窗口中，选中"服务器"图标。

②在"操作"菜单中选择"备份/还原配置"，显示"配置备份/还原"对话框。

③单击"创建备份"按钮，显示"配置备份"对话框，输入该配置备份的文件名，接下来按提示操作即可。

相关知识

1. IIS

Internet 信息服务简称为 IIS，伴随着 Windows Server 版本提高而变化，IIS 6.0 是 Windows 系列操作中最新的服务器平台，它能够迅速提供建立与部署网站及其应用程序的服务。IIS 6.0 除了集成 ASP.NET 以外，还能提供自动检查服务器本身的各种状态的功能，如网站状态、内存与访问状态等，并能适时对这些状态进行容错处理。此外，还可以让单一服务器架设比 IIS 5.0 更多的站点。

2. Web 服务器

Web 也称为 WWW（World Wide Web，万维网），它最初是由设在日内瓦的欧洲核物理研究中心（CERN）的 Tim 和他的同事开发的。1993 年 1 月，NCSA（美国超级计算机用国家中心）就推出了第一个 Web 浏览器 Mosaic。Web 应用是互联网服务里当之无愧的王者。很多邮件服务器都支持 Web Mail 方式，绝大多数 FTP 服务器支持使用 Web 浏览器来列目录，下载文件等。

Web 服务器是指计算机和运行在它上面的 Web 服务软件的总和，可匿名访问的 Web 服务器，就是无需用户名和密码就可以访问的网站，也就是网民平时接触更多的网站。Web 服务器使用超文本标记语言（HTML-Hyper Text Marked Language）描述网络的资源，在互联网上，使用 Web 浏览器时，HTTP 负责传输 Web 页面，定义 Web 服务器和浏览器之间的通信。在一个典型的 HTTP 会话中，Web 浏览器初始化与服务器的连接，并请求某文档或者服务，然后 Web 服务器响应这种请求并传输所需文档。

（1）Web 服务器的工作原理

当 Web 服务器接到一个对 Web 页面的请求时，会找到相应的文件 index.html，然后从宿主文件服务器上下载该文件并通过 HTTP 把它传输给 Web 浏览器（WebBrowser）。

Web 服务器的处理过程包括了一个完整的逻辑阶段。

1）接受连接，产生静态或动态内容并把它们传回浏览器。

2）关闭连接。

3）接受下一个连接。

连接后，MIME（Multiple Purpose Internet Mail Extension，多用途互联网邮件扩展）会告诉 Web 浏览器什么样的文档将被发送。从而 Web 服务器和 Web 浏览器提供相应内容。

（2）Web 服务器与应用服务器

Web 服务器需要与应用服务器协同工作，才能完成一个 Web 站点的功能。但是 Web 服务器与应用服务器是不同的。Web 服务器专门用来向浏览器提供 HTML 文档和图像数据，Web 服务器上的应用程序也是用来产生 HTML 文档和图像数据的；应用服务器只包含应用的业务逻辑，负责处理业务应用，而不包括数据库和用户界面程序。

多数情况下，应用服务器作为三层结构的中间层存在。在三层结构中，其他两层分别是用户界面和数据库/数据存储，随着数据标准技术的发展，特别是由于 XML 的出现，Web 服务器和应用服务器都可以处理对方的数据，具有对方的功能。虽然应用服务器很容易具有提供 Web 网页的功能，但是却很难给应用服务器配置所有的 Web 功能。Web 服务器要频繁而又大量地传送 HTML 和图像数据，所以它一般都需要较高的 I/O 速度，而应用服务器要对数据做大量的处理，因此需要较大的 CPU 处理能力。

任务拓展

用 IIS 架设 ASP.NET 网站

ASP.NET 不仅仅是 ASP 下一代产品，更重要的是它为 Internet 创建新的网络应用提供了全新的变成模型。ASP. NET 是统一的 Web 应用程序平台，它提供了为建设和部署企业级 Web

程序所必须的服务。ASP. NET 为能够面向任何浏览器和设备的更安全、更强的可升级性和更稳定的应用程序提供了新的变成模型和基础结构。ASP. NET 是 Microsoft.net Framework 的一部分，是一种可以在高度分布的 Internet 环境中简化应用程序开发的计算环境。

（1）安装 ASP. NET

在 Windows 2008 Server 中安装 ASP. NET 既可以在"添加/删除程序"中进行，也可以通过极为方便的"服务器管理器"进行。使用"服务器管理器"安装 ASP. NET 的过程如下：

1）依次执行"开始"→"管理工具"→"服务器管理器"菜单命令，打开"服务器管理器"界面，单击"添加角色"超级链接，如图 5-18 所示。

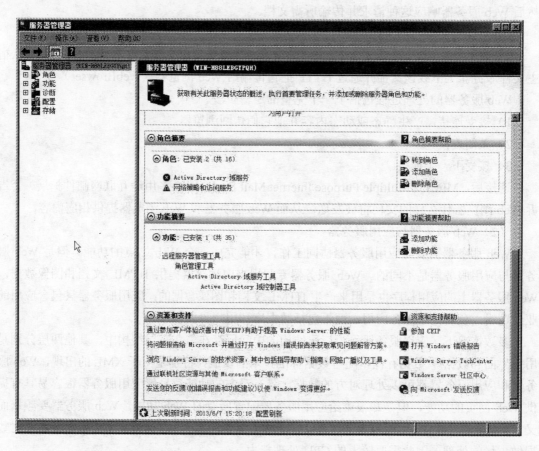

图5-18　添加角色

2）在"配置您的服务器向导"中，单击"下一步"按钮，打开"选择服务器角色"对话框，如图 5-19 所示。这里选中"Web 服务器（IIS）"复选框，单击"下一步"按钮。

在如图 5-20 所示的"选择角色服务"对话框中看到 ASP.NET 的相关服务已是选中状态，单击"下一步"按钮，安装完成。

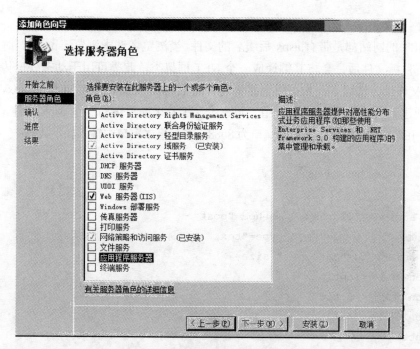

图5-19   选择"应用程序服务器"

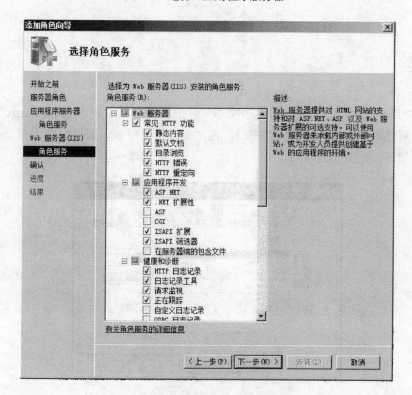

图5-20   "Web服务器（IIS）"的角色列表

（2）网站架设

ASP.NET 的网站都是带有.aspx 后缀名的文件，当浏览者请求浏览.aspx 资源时，ASP.NET 运行库分析目标文件后，会将其编译成一个.NET 框架类。此类可用于动态处理传入的请求。编写.aspx 文件的方法很多，如可以直接将现有的 HTML 文件后缀名更改为.aspx，可以使用各种工具创建.aspx 文件等。下面，用"记事本"工具来简单编写一个.aspx 文件。

在 IIS 中新建一个网站，其访问端口为 8088。在记事本窗口中输入如下代码：

```
<html>
<body>
<center>
<form action>="123.aspx" method="post">
<h3>关键字<input id="key" type="text">
类别: <select id="category" size=1>
<option>财务科</option>
<option>企划科</option>
<option>资料室</option>
</select>
<input type=submit value="查找">
<h3>
</form>
</center>
</body>
</html>
```

在 IIS 中新建的网站目录中，将这个文本文件的后缀名重命名为"index.aspx"。在 IIS 窗口中，选中新建的网站并进入其属性窗口；在"文档"选项卡设置界面中添加 index.aspx 文件并上移到顶部，如图 5-21 所示。

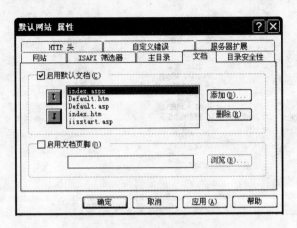

图5-21　添加index.aspx文件

经过上述设置后，就可以在任意一台局域网的计算机中，通过输入该计算机的 IP 地址的方法访问新建的 ASP.NET 网站内容了。

任务 2　搭建 FTP 服务器

任务分析

本任务针对入门级的网络管理员，从搭建 FTP 服务器方面展开，只要按照步骤操作，就能实现完整的 FTP 解决方案。

任务实战

1. IIS 6.0 创建 FTP 站点

安装 IIS 时自动生成的默认 FTP 站点和默认 Web 站点使用同一 IP 地址。当不使用默认的 21 端口作为 FTP 站点的 TCP 端口号时，客户机请求 FTP 站点时就需要在 FTP 服务器域名地址后面添加 ":" 和实际端口号。

IIS 的 FTP 服务也有虚拟服务器的实现方式，通过虚拟 FTP 服务器，可以在一台实际计算机上维持多个 FTP 站点。虚拟服务器的优点是节省硬件成本，缺点是多个站点共用主机的资源会造成性能上的问题。实际的规划中并没有一种严格的定量规则，要根据站点的访问量和可能的数据流量以及服务器的硬件条件、带宽资源等规划一台计算机最多承载的站点数。

对于默认的 FTP 站点，基本设置已经完成，我们通过新建 FTP 站点的方式来说明配置过程。

创建 FTP 站点的工作要在 Internet 信息服务窗口中进行，这里使用 FTP 服务器创建向导新建一个示例 FTP 服务器。

1）在 IIS 左侧的管理控制树中选择 FTP 站点并单击鼠标右键，在弹出的快捷菜单中选择 "新建"→"FTP 站点" 命令，如图 5-22 所示。

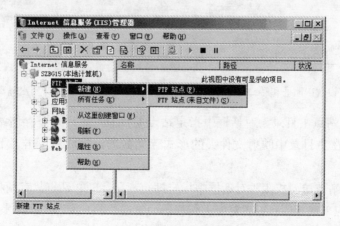

图5-22　新建FTP站点

101

2）在 FTP 站点创建向导中单击"下一步"按钮，如图 5-23 所示。

3）在"FTP 站点描述"对话框中输入用于在 IIS 内部识别站点的说明，该名称并非真正的 FTP 站点域名，如图 5-24 所示，单击"下一步"按钮。

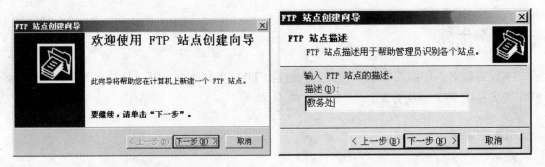

图5-23　FTP站点创建向导　　　　　　　　图5-24　FTP站点描述

4）在"IP 地址和端口设置"对话框中指定该站点使用的 IP 地址和 TCP 端口号，注意默认的端口号为 21。如果要改变 IP 地址和端口号，则输入新 IP 地址和端口号。如图 5-25 所示。

打开"FTP 用户隔离"对话框，选择 FTP 用户是否隔离，如图 5-26 所示。

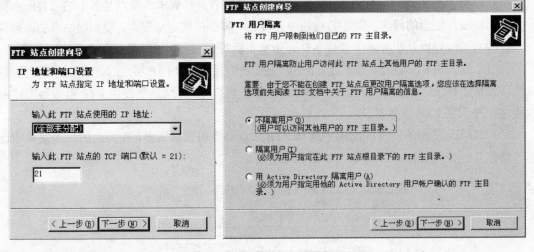

图5-25　设置IP地址和端口号　　　　　　图5-26　FTP用户隔离

5）在"FTP 站点主目录"对话框中指定站点主目录，主目录是存储站点文件的主要位置。虚拟目录以在主目录中映射文件夹的形式存储数据，完成后单击"下一步"按钮，如图 5-27 所示。

6）在"FTP 站点访问权限"对话框中指定站点权限。FTP 站点只有两种访问权限：读取和写入，前者对应下载权限；后者对应上传权限，单击"下一步"按钮继续，如图 5-28 所示。

7）单击"完成"按钮，结束 FTP 站点创建。

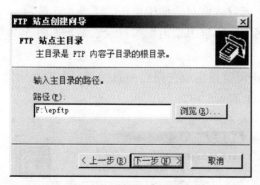

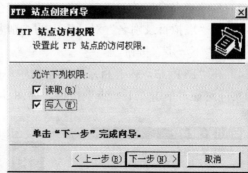

图5-27 FTP站点主目录   图5-28 FTP站点访问权限

2. 创建虚拟目录

虚拟目录能够极大地拓展FTP服务器的存储能力。FTP虚拟目录分为本地和远程两种，本地虚拟目录既可以位于与FTP站点主目录相同的磁盘分区上，也可以位于本地的其他磁盘上；远程虚拟目录则位于网络中的其他计算机上（必须与FTP站点所在的IIS计算机处于同一域中）。

出于向下兼容性的考虑，FTP站点的虚拟目录相当于在站点主目录下的映射文件夹。虽然对于FTP用户而言这些内容是在后台执行的不可见过程，但对于FTP站点管理员，就需要考虑这一特性在站点和虚拟目录创建过程中造成的影响，稍后将看到这一影响。

创建FTP虚拟目录的工作也是在IIS管理工具中完成的，具体如下：

1）在IIS管理控制树中选择需要重建虚拟目录的FTP站点并单击鼠标右键，在弹出的快捷菜单中选择"新建"→"虚拟目录"命令，如图5-29所示。

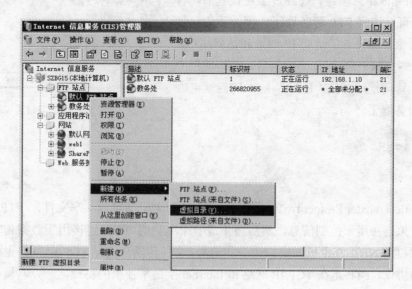

图5-29 新建虚拟目录

103

2）打开"虚拟目录创建向导"对话框，在向导欢迎对话框中单击"下一步"按钮。

3）在"虚拟目录别名"对话框中的"别名"文本框中指定虚拟目录别名，如图 5-30 所示。单击"下一步"按钮。

4）在"FTP 站点内容目录"对话框中单击浏览指定或在路径中直接指定虚拟目录所对应的实际路径，单击"下一步"按钮，如图 5-31 所示。

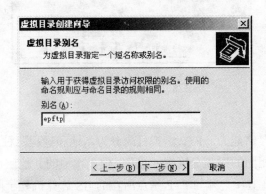

图5-30　指定虚拟目录别名　　　　　　图5-31　指定虚拟目录的实际路径

5）在"虚拟目录访问权限"对话框中，指定该虚拟目录所允许的用户访问权限。选择相应的读取或写入复选框即可（对应下载和上传权限）。注意，这里虚拟目录权限相当于 WWW 服务中的 Web 权限，是对所有站点访问用户都有效的，单击"下一步"按钮，如图 5-32 所示。

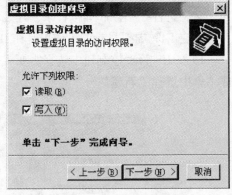

6）单击完成结束创建。在经过上述设置后，客户端用户就可以访问 FTP 服务器了。因为我们已经为当前 FTP 服务器设置了访问 IP 地址和访问端口，所以在客户端电脑中启动 IE 浏览器后，在地址栏中输入 FTP 的访问地址并按"Enter"键，随后就可以访问 FTP 服务器了。

图 5-32　虚拟目录权限

相关知识

FTP

FTP（File Transfer Protocol，文件传输协议）使得主机间可以共享文件。FTP 使用 TCP 生成一个虚拟连接用于控制信息，然后再生成一个单独的 TCP 连接用于数据传输。控制连接使用类似 TELNET 在主机间交换命令和消息。文件传输协议是 TCP/IP 网络上两台计算机传送文件的协议，FTP 是在 TCP/IP 网络和 Internet 上最早使用的协议之一，它属于网络协议组的应用层。FTP 客户机可以给服务器发出命令来下载、上传文件，创建或改变服务器上的目录。

尽管 World Wide Web（WWW）已经替代了 FTP 的大多数功能，FTP 仍然是通过 Internet 把文件从客户机复制到服务器上的一种途径。FTP 客户机可以给服务器发出命令来下载、上传文件，创建或改变服务器上的目录。原来的 FTP 软件多是命令行操作，有了像 CUTEFTP 这样的图形界面软件，使用 FTP 传输变得方便易学。主要使用它进行"上传"，即向服务器传输文件。由于 FTP 的传输速度比较快，在制作诸如"软件下载"这类网站时喜欢用 FTP 来实现，同时这种服务面向大众，不需要身份认证，即"匿名 FTP 服务器"。

FTP 是应用层的协议，它基于传输层，为用户服务，它们负责进行文件的传输。FTP 是一个 8 位的客户端-服务器协议，能操作任何类型的文件而不需要进一步处理，就像 MIME 或 Unicode 一样。但是，FTP 有着极高的延时性，这意味着，从开始请求到第一次接收需求数据之间的时间会非常长，并且不时会执行一些冗长的登录进程。

任务拓展

FTP 服务器的管理

作为网管，对 FTP 服务器的了解绝不能仅仅只是会架设这么简单，一位合格的网管至少应该对 FTP 服务器的管理有一定的了解。

会话管理主要用于查看当前有哪些用户登录到 FTP 服务器。要打开会话管理对话框，需要单击"FTP 站点属性"对话框的"FTP 站点"选项卡中的"当前会话"按钮，如图 5-33 所示。

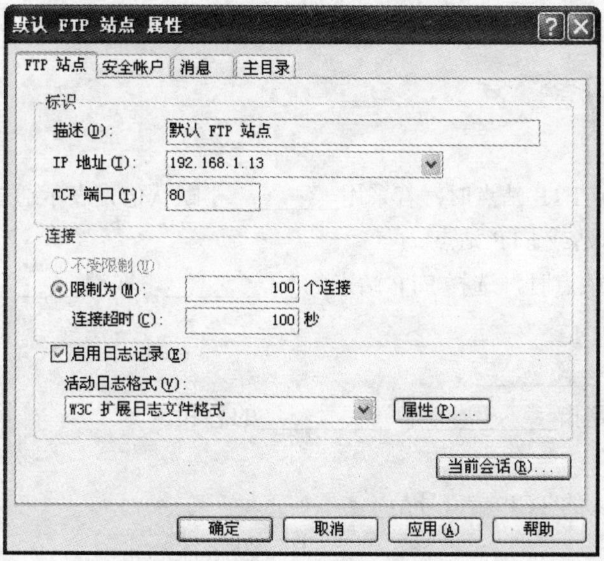

图5-33 "FTP站点属性"对话框

在稍后打开的"FTP 用户会话"对话框中，可以看到当前登录 FTP 服务器的用户名、来源 IP 和登录时间等信息，如图 5-34 所示。

此时，如果选中某一用户，然后单击"断开"按钮，即可把它从 FTP 服务器的登录用户列表中除去。

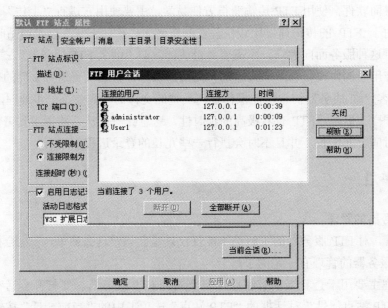

图5-34　"FTP用户会话"对话框

 项目测试

1. 填空题

1）在新建网站或 FTP 站点时，若采用_____默认值，表示通过网卡绑定的 IP 地址都能访问到同样的网站或 FTP 站点。

2）在设置 FTP 站点时，选择 FTP 站点的_____，取消_____的选择即可拒绝匿名用户登录。

3）IIS 的全称是_____。

4）Web 服务器是指_____和_____的总和。

2. 选择题

1）FTP 站点默认的 TCP 端口号是_____。

A. 21　　　　　　　　　　　　　　　B. 80

C. 2583　　　　　　　　　　　　　　D. 8080

2）Windows 2003 Server 提供的 FTP 服务功能位于_____组件内。

A．DNS   B．IIS 6.0

C．DHCP   D. Telnet 服务器管理

3）在下列 4 个文档中，_____不是"默认网站"的默认文档，而是需要手动添加的。

A．index.htm   B．iisstart.asp

C．default.htm   D．default.asp

4）Windows 2008 Server 的"服务器管理器"不包括下列哪一项_____。

A．角色   B．功能

C．诊断   D．控制

3．简答题

1）Internet 信息服务的主要功能是什么？

2）添加多个 Web 网站的方法有哪些？

3）添加多个 FTP 网站的方法有哪些？

4）DNS 服务器的作用是什么？

4．操作题

在寝室用 IIS 架设一个 ASP 网站。

项目6 组建无线局域网

无线网络既方便又灵活，如今很多家庭、企业都配置了无线网络，不少公共场合甚至可以免费无线上网，比如机场、咖啡馆等。随时随地上网，不受线缆的羁绊，本项目就来学习无线局域网的组建方法。

1）了解无线局域网设备。
2）熟练掌握多台计算机无线共享上网设置。
3）熟悉无线设备的配置。

1）掌握无线局域网的拓扑结构。
2）掌握无线局域网的连接。
3）熟悉无线局域网的标准和常用设备。

任务1 组建无线对等网

任务分析

无线对等网络模式即一组作为独立局域网以对等方式连接的计算机，在这种模式下，两个或多个用户只需配备无线网卡即可相互通信或实现网络资源的共享或共享上网，而不需要再配备无线 AP 或路由器。

任务实战

无线对等网络是临时性的、无中心的，无须依靠任何基础设施的非标准网络。因此可称为"自组织网络"。也有人称它是"特定网络"，因为它是很短距离的特定连接，并且只能用于近距离的用户，又因为它便于加入和离开，既能主控，又能被控，所以称之为"对等网络"，如图 6-1 所示。

下面就来学习在两台计算机中，通过安装无线网卡组建最简单的无线对等网络的方法。

1. 无线网卡安装

（1）无线网卡硬件安装

此处选用 TP-LINK TL-WN322G+网卡，如图 6-2 所示。

图6-1 无线对等网　　　　图6-2 TL-WN322G+无线网卡

它适用于带 USB 接口的计算机，有两种方法连接。

1）将网卡直接插入到计算机的 USB 接口。

2）通过 USB 延长线连接网卡与计算机 USB 接口。

当网卡接上计算机以后，系统会自动弹出硬件安装向导来安装网卡驱动，如图 6-3 所示。

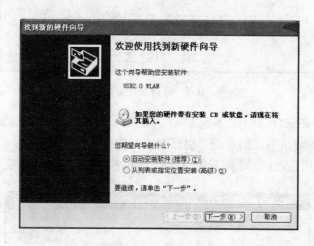

图6-3 硬件安装向导

这里单击"取消"按钮，下面将通过光盘中的安装程序来安装驱动程序。

（2）无线网卡驱动程序安装

TL-WN322G+无线网卡的自动安装程序已把驱动程序、客户端应用程序整合在一起，即在安装、卸载 TL-WN322G+客户端应用程序时，其驱动程序也会自动安装或卸载。

请按照以下步骤正确安装程序。

1）插入光盘，打开包含该产品型号的文件夹，双击 Setup.exe 运行安装程序，将看到如图 6-4 所示的对话框，单击"下一步"按钮。

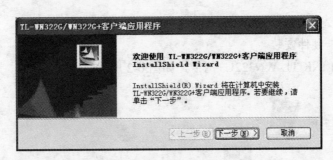

图6-4 客户端应用程序安装

2）安装程序提示您选择安装路径，如果想改变安装路径则单击"浏览"按钮，选择路径，建议保持默认路径，单击"下一步"按钮，如图 6-5 所示。

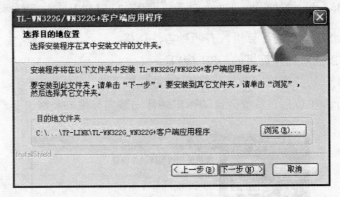

图6-5 选择安装路径

3）安装过程正在进行，如图 6-6 所示。如果在安装过程中出现如图 6-7 所示的关于 Windows 徽标测试的对话框，则单击"仍然继续"按钮，使安装继续。

4）安装完成后出现如图 6-8 所示的对话框，单击"完成"按钮结束安装。

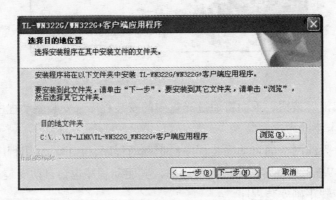

图6-6 安装过程

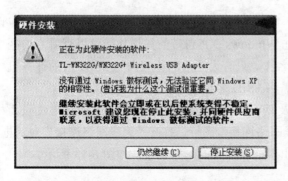

图6-7　Windows徽标测试

图6-8　安装完成

2．配置对等无线网络

网卡安装结束后，在"网络连接"窗口中，可以看到刚安装好的无线网卡的图标，即名称为"无线网络连接"的图标，如图 6-9 所示。

图6-9　"网络连接"窗口

在"无线网络连接"图标上单击鼠标右键，在弹出的快捷菜单中选择"属性"命令，打开"无线网络连接属性"对话框，选择"无线网络配置"选项卡，如图 6-10 所示。

单击窗口底部的"高级"按钮，打开"高级"对话框，选中"仅计算机到计算机（特定）"单选按钮，并取消选中"自动连接到非首选的网络"复选框，如图 6-11 所示。这个选项的设置保证了只连接到无线对等网络，单击"关闭"按钮回到"无线网络连接属性"对话框。单击"添加"按钮，打开"无线网络属性"对话框，在"网络名（SSID）"文本框中输入一个网络名称，名字任取，如图 6-12 所示。

SSID（Service Set Identifier）用来区分不同的网络，最多可以有 32 个字符，无线网卡设置了不同的 SSID 即可进入不同网络，通过 Windows XP 自带的扫描功能可以查看当前区域内的 SSID。由于 SSID 就是一个局域网的名称，只有设置为名称相同的 SSID 值的计算机才能相互通信，所以同一局域网内的计算机需将 SSID 名称设为一样。

然后在第 2 台计算机上安装无线网卡及驱动，将该无线网卡的 SSID 按上述方法设为相同即可。在"网络连接"窗口中双击"无线网络连接"图标，打开"无线网络连接"对话框，单击"刷新网络列表"按钮，在右侧就会出现前面配置的网络连接，如图 6-13 所示。

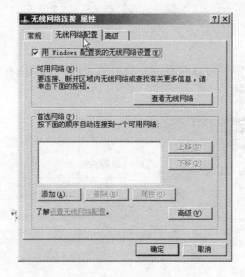

图6-10 "无线网络连接属性"对话框

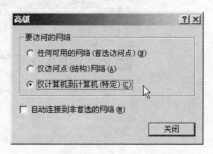

图6-11 "高级"对话框

图6-12 SSID设置

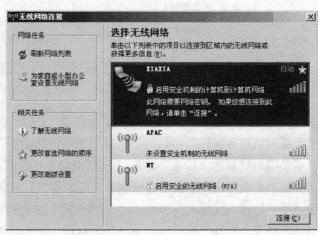

图6-13 查看SSID设置

设置完成后，计算机就能无线通信了。

相关知识

1. 无线局域网

顾名思义，无线局域网（WLAN）就是使用无线电波作为传输介质的局域网，它适用于难以布线或布线成本太高的环境。因此，有人形象地比喻：未来的空中到处都是数据。

通常，计算机组网的传输介质主要依赖于双绞线或光缆。但这种有线网络的布线、改线工程量很大、线路容易损坏、网络中的各个节点不可移动等限制，使得很多用户感到头痛不堪。而无需线缆介质、数据传输速率范围可以稳定工作在 11Mbit/s~54 Mbit/s、传输距离可远至 20km 以上的无线局域网，则可以很好地解决这些有线网络布线的难题。但是，我们必须清醒地意识到，在目前技术条件下的 WLAN，并不是用来取代有线局域网的，而是用来弥补有线局域网不足的，从而达到网络延伸的目的。

无线局域网的硬件组成并不复杂，通过无线 AP（Access Point）与无线网卡、无线网卡与无线网卡（只需两块无线网卡即可）等组成形式都可以实现，这些无线网络产品都自含无线发射/接收功能。通常，两台计算机组建的无线局域网可以通过两块支持 802.11 系列协议的无线网卡直接相互连接来实现；若是多台计算机组建无线局域网，则可能需要配合无线 AP，才能组成一个信号稳定的无线局域网。在表 6-1 中，可以看出 802.11 是一个系列协议。

表 6-1　802.11 系列协议

标准	描　　述
802.11	定义了无线网络传输概念的基本规范（2.45GHz，传输速率为 1Mbit/s，2 Mbit/s）
802.11a	传输的速度增加到 5.4 Mbit/s
802.11b	增加传输速度为 11 Mbit/s，5.5 Mbit/s 支持 传输范围较好，但容易受到无线信号的干扰
802.11g	54 Mbit/s 范围比 802.11b 要窄
802.11i（WPA2）	为无线网络建立了认证和加密处理的标准，并保证完整性
802.1X 是一个 IEEE 标准，它定义了基于标准的访问控制机制，用于对网络访问进行身份认证以及（可选）管理用来保护通信的秘钥	

无线局域网的技术规范，主要是指在无线网络中使用的通信协议标准。网络协议即网络中（包括互联网）传递、管理信息的一些规范。如同人与人之间相互交流时需要遵循协议、合同一样，计算机之间的相互通信也需要共同遵守一定的规则，这些规则就称为网络协议。而为各种无线设备互通信息而制定的规则，就称为"无线网络协议标准"。

目前常用的无线网络协议标准主要有 802.11 系列标准（包括 802.11a、802.11b、802.11g、802.11h 及 802.11i 等标准）、蓝牙（Bluetooth）标准、Home RF（家庭网络）标准，以及由 ETSI（欧洲电信标准化组织）提出的 Hiper LAN 系列等。

2．无线漫游

由于无线电波在传播过程中，会随着距离的延伸而不断衰减信号强度。为了改善这种不足，通常需要使用多个无线 AP 来实现无线信号的无缝覆盖和重合——只要无线 AP 群的设置正确，无线工作站就可以自由地漫游在无线电波所能覆盖的区域如图 6-14 所示。

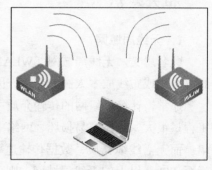

无线网卡能够自动发现附近信号最好的无线 AP，并能通过这个无线 AP 收发数据，从而保持不间断的网络连接，这就是无线漫游（Roaming）技术。显然，无线漫游的目的就是用于扩展无线信号的覆盖范围，从而保证无线用户的信号不会轻易中断。

图 6-14　无线网络示意图

3．无线局域网的特点

与有线网络相比，无线局域网主要具有以下几个优点：

（1）安装便捷

在有线网络建设中，施工周期最长、对周边环境影响最大的，就是网络布线与扩充布线工程。在施工中往往需要破墙掘地、穿线架管。而无线局域网最大的优势就是能够免去或减少网络布线的工作量。一般只要安装一个或多个无线 AP 设备，即可建立覆盖整个建筑或地区的无线局域网络。

（2）移动灵活

在有线网络中，即便是笔记本计算机，其上网时摆放的位置也要受网络接入点所在位置的限制，而无线局域网建成后，只要是配有无线网卡的计算机，就都可以在无线网络的信号覆盖区域内的任何一个位置中接入无线网络，而如果没有无线信号的话，则所有计算机用户不得不随身带着网线，去寻找可以接入的有线网络插槽。

（3）经济节约

在使用方面，无线局域网的机动性、便利性是有线网络所不及的；在成本上，它同样可以节省下可观的费用——比方说布线费用。在有线网络中，铺设双绞线以及用于包装双绞线的装潢成本，就已经是花费惊人了，而无线网络则可以将布线费用降至最低。

（4）易于扩展

在无线网络中，可以随时轻松增添无线 AP，这将可以使无线局域网内的无线用户成倍增加——从信号稳定的角度来看，一个无线 AP 大约可以接入 30 台无线工作站，每增加一个无线 AP，就意味着可以成倍增加 30 个无线工作站。而有线局域网中，如果要增加 30 个接入口，光是布线这一点就会让人头痛不已了。

4．无线拓扑结构

在组建网络时，通常会用网络的拓扑结构来分类。拓扑（Topology）即网络组件的物理（真实）或逻辑（虚拟）分布形式。根据这个定义，我们可以将拓扑看成是"许多节点（如计算机、网络打印机、服务器等）在互通网络上的分布形式"。目前，有线网络有五大网络拓扑，分别是总线型、令牌环状、星形、树形以及网状拓扑。在无线网络中，只有星型和网状这两种拓扑。其中，星型拓扑是目前最常见的一种，这种结构包含一个通信用的中央计算机或是无线接入点（AP）。数据包由源节点发出后，由中央计算机或无线 AP 接收，并且转发到正确的无线网络目标节点。网状拓扑和星型拓扑有些不一样，主要是网状拓扑并没有中央计算机。每个节点都可以与同在一个网段的其他计算机自由沟通。

在实际应用中，无线网络的组网方案中主要有以下几种：

（1）对等无线网络

对等无线网络只使用无线网卡即可构成。因此，仅仅在每台计算机上插上无线网卡，再加以简单的软件配置，即可实现计算机之间的无线连接，并构建成最简单的无线网络，进而可以使用无线信号在计算机之间共享资源。由于无线对等网络的传输距离有限，所有的计算机之间必须在有效传输距离内。否则，根本无法实现彼此之间的通信。因此，这类网络的覆盖范围非常有限。另外，由于所有计算机之间都要共享连接带宽，所以只适用于接入计算机数量较少、并对传输速率没有较高要求的小型网络。

（2）独立无线网络

所谓独立无线网络，是指借助无线 AP 构成的无线网络，从图 6-15 中可以看出独立无线网络使用了一个无线 AP 和若干无线网卡。

独立无线网络方案与对等无线网络不同之处在于：独立无线网络方案中加入了一个无线AP。无线 AP 可以对网络信号进行放大处理，一个工作站到另外一个工作站的信号都可以经由该无线AP 放大并进行中继。只要在无线 AP 覆盖范围内，无线移动工作站就可以实现彼此之间的通信。

注意由于无线 AP 的覆盖范围是一个圆形区域，因此，无线 AP 应当尽量放置在无线网络的中心位置，而且各无线客户端与无线 AP 的直线距离最好不要超过 30m，也不要穿越过多的楼板和墙体，以避免因无线信号衰减过多而导致通信失败。

（3）混和无线网络

由于无线 AP 通常有一个或几个以太网口，因此既可以连接无线网络，又可以连接以太网络，并可以作为网桥实现两者之间的相互通信。这种无线和有线并存的网络，即可称之为混和无线网络，如图 6-16 所示。

图6-15　独立无线网络

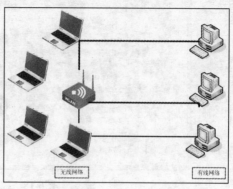

图6-16　混和无线网络

（4）无线漫游网络

无线漫游网络可以利用以太网将多个无线 AP 连接在一起，从而实现无线信号的无缝覆盖。当无线用户遭遇一个无线访问点的信号变弱，或因为无线访问点由于通信量太大而拥塞时，可以不中断与网络的连接，这一点与我们平时使用的移动电话非常相似。由于多个 AP 信号覆盖区域相互交叉重叠，因此，各个 AP 覆盖区域所占频道之间必须遵守一定的规范，邻近的相同频道之间不能相互覆盖，否则会造成 AP 在信号传输时的相互干扰，从而降低 AP 的工作效率。

任务拓展

笔记本计算机与手机通过蓝牙技术连接

下面以联想昭阳 E49A 笔记本电脑为例进行介绍:

手机和手机连接很简单，两部手机同时打开蓝牙→搜索装置→连接→输入相同的认证码→确认，计算机和手机的连接也类似。

计算机和手机的连接

1）计算机和手机都要打开蓝牙，E49A 是按<Fn+F5>键，打开如图 6-17 所示的对话框。

2）搜索装置。一般来说，用 Win7 自带的即可，打开控制面板→硬件和声音→添加设备，如图 6-18 和图 6-19 所示。

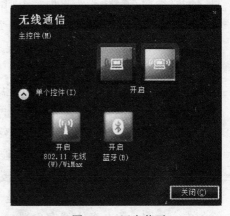

图 6-17　开启蓝牙

图6-18　控制面板

3）搜索到手机后即会显示，选择并单击"下一步"按钮，打开如图 6-20 所示的对话框。

图6-19 添加设备

图6-20 连接并认证

根据指示，在手机上输入相应的代码数字，接下来会自动安装一系列驱动程序。

4）安装完毕，设备就成功添加到了计算机，如图 6-21 所示。

5）在屏幕右下角双击 bluetooth 图标，即可在 bluetooth 设备中看到手机设备，如图 6-22 所示。

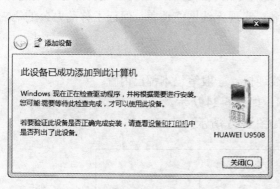

图6-21 成功添加

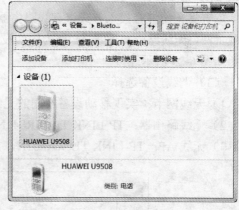

图6-22 手机设备

上述都顺利成功后就算正式连接了。

任务 2 组建无线办公局域网

任务分析

目前主流的组建网络类型为有线和无线两种，无线网络已经越来越多地应用于小型办公和家庭环境中，主要应用于有线介质布线困难的环境，无需布线，用户就可以随时、随地地连接到网络中。公司可以根据业务和规模的实际情况和发展需要，灵活选择不同的接入方式。移动 PC、笔记本或掌上电脑则无需网线连接，通过配置无线 AP+无线网卡，就可以实现网上业务。可采用无线与有线并存的网络方案。

任务实战

1．无线办公网络设计

（1）需求分析

某网络产品销售公司经理已经通过有线路由器实现 ADSL 宽带上网，现在同时要求相距较远的 4 个部门：业务部、销售部、人事部和财务部均可覆盖无线信号，以满足人员笔记本计算机的无线上网应用。

共享无线网络，可以有效地利用网络资源、共享资源、互传文件等。墙壁会对无线造成较大衰减。网络共享要保证聊天、游戏、视频、网页浏览等应用，对信号的强度、覆盖面积、无线速率也有较高的要求。共享环境也包括室外无线网络共享，建筑、绿化等阻挡会造成信号衰减。一般情况下无线网络中心设备为无线路由器，针对距离较远的网络共享，增加使用室外无线 AP 达到网络覆盖。

（2）方案设计

本方案采用混合接入方式，有线路由器更换为无线路由器，公司经理仍然可以通过有线方式上网，无线路由和无线 AP 作为中心设备，实现无线网络覆盖，保证了移动办公的需求，按照如图 6-23 所示连接。

（3）无线设备选择

1）无线网卡：实现移动设备之间的无线连接，一般笔记本都已内置。

2）无线路由器：TP-LINK TL-WR841N，如图 6-24 所示。

3）无线 AP：TP-LINK TL-WA801N，如图 6-25 所示。

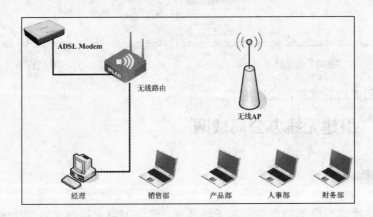

图6-23　无线网络拓扑图

图6-24　TL-WR841N无线路由器

图6-25　TL-WA801N无线AP

2. 无线路由器的设置

本例中采用的是 TL-WR841N 宽带路由器，本路由器默认 LAN 口 IP 地址是 192.168.1.1，默认子网掩码是 255.255.255.0。这里以 Windows XP 系统为例，其他操作系统的路由器设置方法类似。

1）首先打开网页浏览器，在浏览器的地址栏中输入路由器的 IP 地址：192.168.1.1，将会看到如图 6-26 所示的登录界面，输入用户名和密码（用户名和密码的出厂默认值均为 admin），单击"确定"按钮。

2）浏览器会弹出如图 6-27 所示的设置向导页面。

图 6-26　登录界面

如果没有自动弹出此页面，可以单击页面左侧的设置向导菜单将它激活。

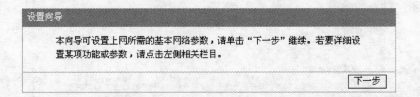

图6-27　设置向导页面

3）单击"下一步"按钮，进入如图 6-28 所示的上网方式选择页面。

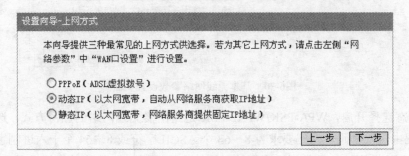

图6-28　上网方式选择页面

图 6-28 显示了最常用的几种上网方式，请根据 ISP 提供的上网方式进行选择，这里我们选择 PPPoE（ADSL 虚拟拨号），即 ADSL 虚拟拨号方式，ISP 会提供上网账号和密码，如图 6-29 所示。

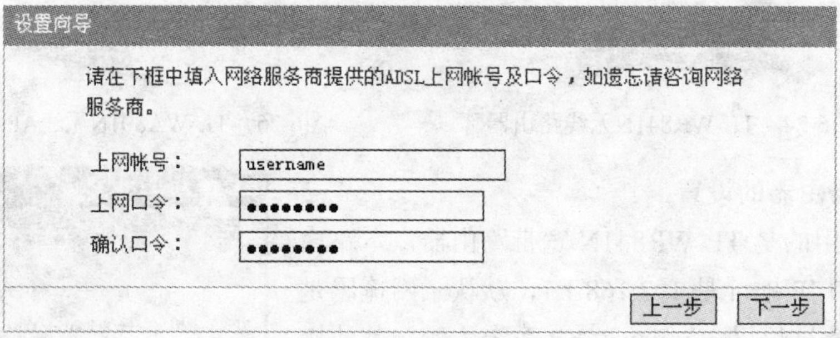

图6-29　输入账号和密码

4）设置完成后，单击"下一步"按钮，出现如图 6-30 所示的基本无线网络参数设置页面。

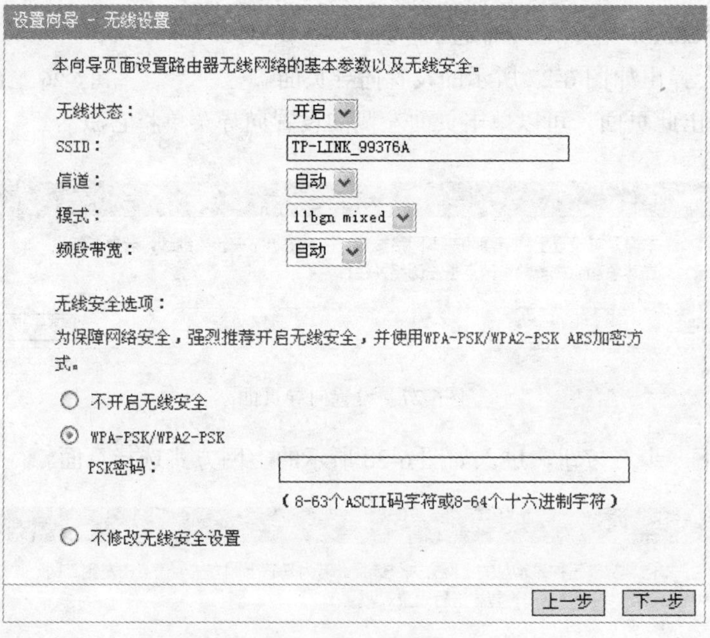

图6-30　基本无线网络参数设置页面

无线状态选择开启，WPA-PSK/WPA2-PSK 是路由器无线网络的加密方式，选择该项后，在 PSK 密码中输入密码，密码要求为 8～63 个 ASCII 字符或 8～64 个十六进制字符。

注意：此处提到的信道带宽设置仅针对支持 IEEE 802.11n 协议的网络设备，对于不支持 IEEE 802.11n 协议的设备，此处设置不生效。

120

5）设置完成后，单击"下一步"按钮，打开如图 6-31 所示的设置向导完成界面，单击"重启"按钮，使无线设置生效。

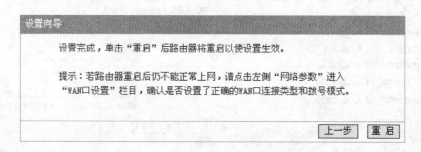

图6-31　设置向导完成界面

3. 无线 AP 的设置

打开网页浏览器，在浏览器的地址栏中输入无线 AP 的 IP 地址：192.168.1.254，将会看到如图 6-32 所示的登录界面，输入用户名和密码（用户名和密码的出厂默认值均为 admin），单击"确定"按钮。

浏览器会弹出如图 6-33 所示的设置向导页面。如果没有自动弹出此页面，可以单击页面左侧的设置向导菜单将它激活。

图6-32　登录界面

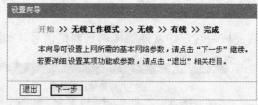

图6-33　设置向导

单击"下一步"按钮，进入如图 6-34 所示的上网方式选择页面。

图 6-34 显示了接入器的 5 种模式。接入点模式（Access Point）是无线接入点的基本工作模式，用于构建以无线接入点为中心的集中控制式网络。选择"接入点模式"单选按钮，然后单击"下一步"按钮，进入如图 6-35 所示的无线设置页面，配置接入点模式下的无线参数，单击"下一步"按钮。

无线参数设置完成后，将进入有线设置页面，如图 6-36 所示。

这里我们不更改参数设置，单击"下一步"按钮，将弹出如图 6-37 所示的设置向导完成界面，单击"完成"按钮，退出设置向导。

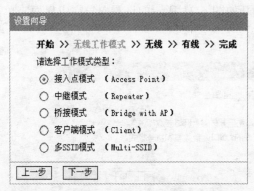

图6-34 上网方式选择页面

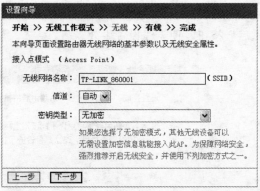

图6-35 设置向导——无线接入点模式

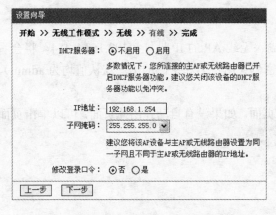

图6-36 设置向导——有线设置

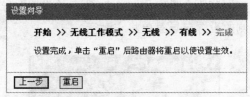

图6-37 设置向导——完成界面

设置完成后客户端就能够搜索到网络信号，如图 6-38 所示。

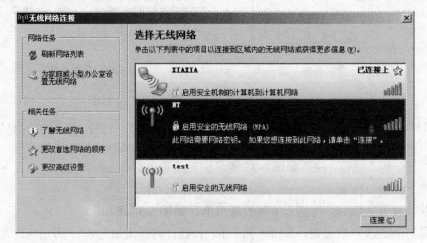

图6-38 选择无线网络

单击"连接"按钮后输入无线路由中设置的 WPA-PSK/WPA2-PSK 密码，即可开始与无线 AP 建立连接。默认状态下，无线客户端将自动获取 IP 地址，如果该客户端未找到无线 AP，可以单击"刷新"按钮，自动扫描并发现可以使用的无线网络。

相关知识

1. 无线网络设备分类

一个小型无线网络的硬件设备主要包括 3 种，即无线网卡、无线路由器和无线 AP。只有当需要扩大无线网络规模时，或者需要将无线网络与传统的局域网连接在一起时，才需要使用无线 AP。无线路由器的功能类似于无线 AP，只是添加了部分路由功能，可用于实现无线网络的 Internet 共享接入，以及与以太网络的连接。

（1）无线 AP

无线 AP 也叫无线接入点（Access Point），其作用类似于以太网络中的 HUB 或交换机，是无线信号的集中管理、转发设备。无线 AP 主要负责频段管理及漫游等指挥工作。理论上，一个无线 AP 可以支持多达 80 台计算机的接入，但实际上数量为 25 台左右时信号最佳。值得一提的是，有的无线 AP 既可以供无线网卡接入，也可以供以太网卡接入，从而能够实现无线与有线的混合网络，这种无线 AP 实际上就是一个无线 AP 和一个多口的 HUB 的集合。

（2）无线路由器

无线路由器实际上就是无线 AP 与宽带路由器的一种结合体。借助于无线网关，可实现家庭无线网络中的 Internet 连接共享，实现 ADSL、Cable Modem 和小区宽带的无线共享接入。现代的无线 AP 产品大多包含无线网关功能，既可以实现无线网络的 Internet 共享接入，也可以与以太网络进行连接。

无线路由器也通常拥有一个或多个的以太接口，同样可以实现以太网卡和无线网卡的同时接入。

（3）无线网卡

如图 6-39 所示的 3 种无线网卡在职能上与传统网卡如出一辙，只不过采用无线方式进行数据传输。无线网卡根据接口类型的不同，分为 USB、PCMCIA 和 PCI 等。其中 USB 接口的无线网卡适用于笔记本电脑和台式机，并且支持热插拔，现在最为流行。

USB 接口无线网卡　　　PCMCIA 接口无线网卡　　　PCI 接口无线网卡

图6-39　各种类型的无线网卡

此外，还有其他一些无线设备是无线局域网应用中可能接触到的。无线打印共享器可以接驳于打印机的并行口，从而实现无线网络与打印机的连接，使无线网络中的计算机能够共享打印机。

构建小型无线局域网络的硬件设备主要是上述几种。当然，并不是所有的无线网络都需要这几种设备。事实上，只需要两块无线网卡，就可以组建出一个小型的对等式无线网络了。

2．无线网络设备的选购要点

市场上无线产品很多，如何选择合适的无线网络产品，对于接触无线网络不多的用户会显得比较头痛。基于最佳性价比的考虑，我们应当选择什么标准、哪家厂商的产品呢？

（1）标准的选择

不同的标准决定不同的传输性能。根据无线通信协议 IEEE 802.11 协议族中各个协议的特点，在购买设备时，应该选择支持传输速率高、传输距离长的协议。比如，现在 IEEE 802.11g 已经很成熟，而且 IEEE 802.11g 兼容于 IEEE 802.11b。所以，在选择时可以优先考虑 IEEE 802.11g。

（2）品牌的选择

不同的品牌决定设备的整体品质。无线网络设备大致可以分为 3 大阵营：一是美国产品，如 AVAVA、CISCO、3COM 等，这类品牌的产品具有品质优良、工作稳定、性能出众、管理方便等特点。但是，其价格往往较高。二是台湾产品，如 D-LINK（友迅）、ACCTON 等，作为美国公司的 OEM 厂商，其制作工艺、产品性能也相当不错，具有非常高的性能价格比。三是大陆产品，如清华比威、TP-LINK（普联）等，其产品质量也不错、价格也很便宜，很适合小型办公网络使用。

（3）人性化设计

不同的设计决定设备的易用性。在人性化设计方面，我们可以从管理设计、天线设计两个方面来简单对比一下。

1）管理与易用性。无线产品作为一个网络设备，自然需要相应的管理功能。有些无线局域网产品的安装维护比较复杂，非专业技术人员往往很难完成驱动及其他方面的安装，而有些无线产品的安装维护却比较简单，这一点对于家庭用户米说尤其需要注意。

2）天线的拆卸。天线的拆卸便于我们更换增益天线。无线 AP 受电源和信号长度所限，无线 AP 不一定总是处于信号发射的最有利位置，这时可以考虑在 AP 上安装形态各异的增益天线，这样一来就可以大大增强信号的有效覆盖范围。

3．无线传输率

在无线产品 54Mbit/s 的传输率中，bps 可以理解为"bit"（位）。这与其在传输数据时使用的大写"B"，即"Byte"（字节）是两个不同的单位。B 与 b 的区别在于 1Byte=8bit，明白了这个换算方式，我们就会明白为什么 54Mbit/s 的无线设备在正常收发数据时只能在几 MB（Mbyte）的速度范围中徘徊了。

4．无线传输距离

对于无线 AP 而言，有效传输距离是相当重要的。但是，不要被产品包装盒上的说明给迷惑了——说明中的"最大传输距离"的数值,大多是在没有任何遮挡物的条件下计算得出的,只是个理论数字而已。此外,在钢筋水泥浇注的高楼大厦中,我们更应该看重无线路由器的信号穿透能力。大多数高品质产品可以做到在 30m 之内穿越两堵厚厚的墙壁,而少数低端产品可能连一个小小的室内"拐弯"——即便开着门,也无法与另一间房间中的无线客户端完成通信。

任务拓展

1. 手机接入无线 Wi-Fi 网络

现在越来越多的人开始使用智能手机,智能手机功能强大,可以上网、看视频、听音乐,还可以安装超多应用程序,而 Android 系统智能手机更是现在智能手机的主力操作系统之一,Wi-Fi 功能的增加极大地提高了手机的可玩性。但是对很多不熟悉网络的朋友们来说,配置无线接入并不是一件容易的事情。下面将结合 TP-LINK 无线路由器来介绍 HTC Android 系统智能手机的无线连接设置方法。

无线路由器相当于一台有线路由器加一个无线发射的小型"基站",可以同时满足有线电脑、无线的笔记本、平板电脑等终端同时接入共享宽带上网,如图 6-40 所示。

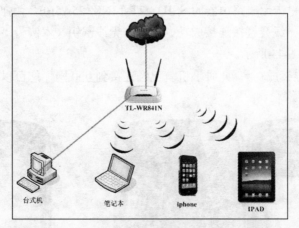

图6-40 共享宽带上网

首先需要进行无线路由器的设置,TP-LINK 无线路由器的设置相对比较简单,详细设置过程可参照本任务前面的无线路由器设置,这里有两个重要的参数。

1)SSID:无线基站的名称,本例为"TP-LINK_25A5EE"。

2)加密方式和密钥:本例为"WPA-PSK/WPA2-PSK"加密,密钥为"11223344"。

其次是 HTC 手机的无线连接设置,其设置步骤如下。

第 1 步:手机主界面选择"设置"菜单,进入手机设置页面。选择"无线和网络",打开"无线和网络"设置页面, 如图 6-41 所示。

第 2 步:勾选"WLAN"无线开关,开启手机无线功能,单击"WLAN 设置"按钮,扫描无线网，如图 6-42 所示。

图6-41　"无线和网络"设置　　　　　　　　图6-42　扫描无线网络

第 3 步：找到并单击无线路由器的 SSID "TP-LINK_25A5EE"，弹出提示，要求输入无线密钥（若未加密，无线会直接连接成功）。输入无线密钥（本例为"11223344"），单击"连接"按钮，如图 6-43 所示。

第 4 步：无线连接成功。 此时手机就已经连接到互联网，您可以尽情地上网冲浪了，如图 6-44 所示。

图6-43　输入密钥连接　　　　　　　　图6-44　成功上网

至此手机的无线连接已经配置完成，您可以尽情地上网冲浪了。

2. 平板电脑接入无线 Wi-Fi 网络

苹果 IPAD 毫无疑问是当下最流行的平板电脑，IPAD 仅支持 WIFI 和 3G 的宽带接入方式，下面将结合 TP-LINK 无线路由器来介绍苹果 IPAD 的无线连接设置过程。

同样首先进行无线路由器的设置，这里有两个重要的参数。

1）SSID：无线基站的名称，本例为"TP-LINK_6733CA"。

2）加密方式和密钥：本例为"WPA2-PSK"加密，密钥为"12345678"。

接下来是苹果 IPAD 的设置，其设置步骤如下。

第 1 步：打开 IPAD 主界面，选择"设置"菜单，进入 WIFI 设置页面，如图 6-45 所示。

第 2 步：开启无线开关，搜索无线信号。然后，单击自己的 SSID "TP-LINK_6733CA"进行无线连接，如图 6-46 所示。

图6-45　WIFI设置页面

图6-46　搜索无线信号

第 3 步：输入无线密钥"12345678"，单击"Join"按钮（若未加密，无线会直接连接成功），如图 6-47 所示。

第 4 步：当相应的 SSID 前面显示"√"时，无线连接成功，如图 6-48 所示。

图6-47　输入无线密钥

图6-48　无线连接完成

第 5 步：设置网络参数，单击已连接无线信号右边的 ">" 按钮，弹出无线连接网络参数设置页面（推荐使用 DHCP），如图 6-49 所示。

图6-49　无线连接网络参数设置

如果要设置静态 IP，可以单击"静态"按钮，手动设置"IP 地址""子网掩码""路由器"以及"DNS 服务器"。

第 6 步：获取到正确的网络参数后，IPAD 即可正常连接到网络，如图 6-50 所示。

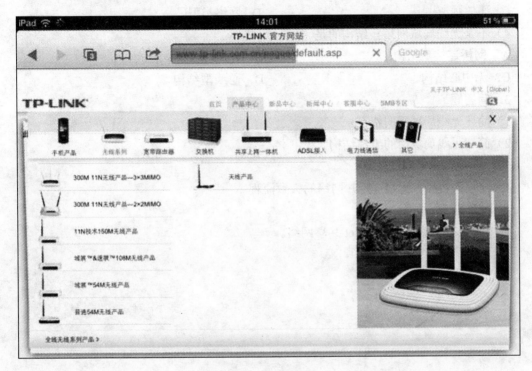

图6-50　成功上网

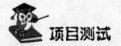 项目测试

1. 填空题

1）无线局域网一般分为＿＿＿＿＿＿＿＿和＿＿＿＿＿＿＿＿两大类。

2）目前常用的无线网络标准主要有＿＿＿＿＿＿＿、＿＿＿＿＿＿＿以及＿＿＿＿＿等。

3）常见的无线局域网组建分为＿＿＿＿＿＿＿＿和＿＿＿＿＿＿＿＿两种类型。

4）无线网卡根据接口类型不同分为＿＿＿＿＿、＿＿＿＿＿和＿＿＿＿＿等。

2. 选择题

1）目前使用最多的无线局域网标准是＿＿＿＿＿＿。

A．蓝牙　　　　　　　　　　　　　　B．Home RF

C．IEEE 802.11　　　　　　　　　　D．IEEE 802.11g

2）＿＿＿＿＿＿＿＿是组建无线局域网必需的设备。

A．无线路由器　　　　　　　　　　　B．无线网卡

   C．无线桥接器   D．中继器

3）设置无线网卡或无线 AP 的参数是＿＿＿＿、＿＿＿＿和＿＿＿＿，SSID 表示＿＿＿＿。

   A．数据安全方式   B．网络名称

   C．通信频道   D．网络类型

4）不是无线局域网拓扑结构的是＿＿＿＿＿＿＿＿。

   A．网桥连接型结构   B．HUB 接入型结构

   C．无中心结构   D．总线型结构

3．简答题

1）简述无线局域网的特点。

2）简述无线局域网的组建结构。

3）简述 WEP 加密过程。

4）简述手机接入无线 Wi-Fi 网络的大致流程。

4．操作题

使用无线路由器组建 Internet 共享网络。

项目7 配置局域网安全技术

随着计算机网络的应用越来越多，网络安全问题日益凸显。那么，在局域网中应该做好哪些安全配置工作呢？本项目我们将一起学习 VPN、VLAN、NAT 和本地安全策略的配置方法。

学 习 目 标

1）了解 VPN、VLAN、NAT、本地安全策略的含义和作用。
2）了解各种技术的功能。
3）掌握 VPN、VLAN、NAT、本地安全策略的配置和使用。

能 力 目 标

1）掌握 VPN、VLAN、NAT、本地安全策略的架设。
2）学会分析错误配置并解决问题。

任务1 配置 VPN 服务

任务分析

VPN（Virtual Private Network，虚拟专用网络）是一项在公用网络上建立专用网络的技术。之所以称为虚拟网主要是因为整个 VPN 网络的任意两个节点之间的连接并没有传统专网所需的端到端的物理链路，而是架构在公用网络服务商所提供的网络平台之上的逻辑网络，用户数据在逻辑链路中传输。

任务实战

1. 配置 VPN 服务器

下面将介绍如何在 Windows 2008 Server 服务器上创建 VPN 服务器，以实现 Windows VPN 网络的应用。

Windows 2008 Server 对 VPN 的配置提供了向导程序，所以配置 VPN 服务非常简单，可以按照以下的步骤来完成。

1）依次执行"开始"→"管理工具"→"服务器管理器"菜单命令，打开"服务器管理器"窗口，如图7-1所示。

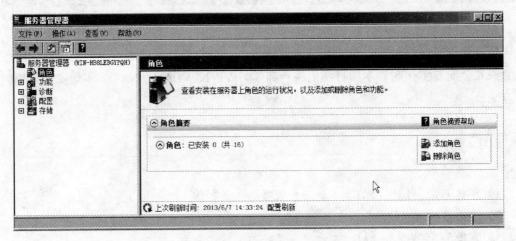

图7-1　"服务器管理器"窗口

单击"添加角色"按钮，打开"添加角色向导"对话框，如图7-2所示。

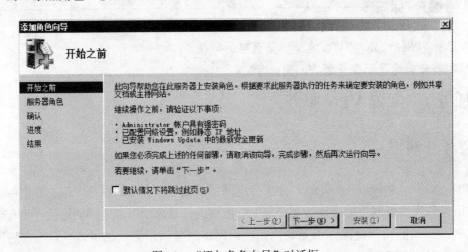

图7-2　"添加角色向导"对话框

2）单击"下一步"按钮，在出现的"选择服务器角色"对话框的角色列表中选择"网络策略和访问服务"，然后单击"下一步"按钮，如图7-3所示。

3）单击"下一步"按钮，打开"选择角色服务"对话框，在角色服务栏中选择"路由和远程访问服务"复选框，如图7-4所示。

4）单击"下一步"按钮，打开如图7-5所示的"确认安装选择"对话框。

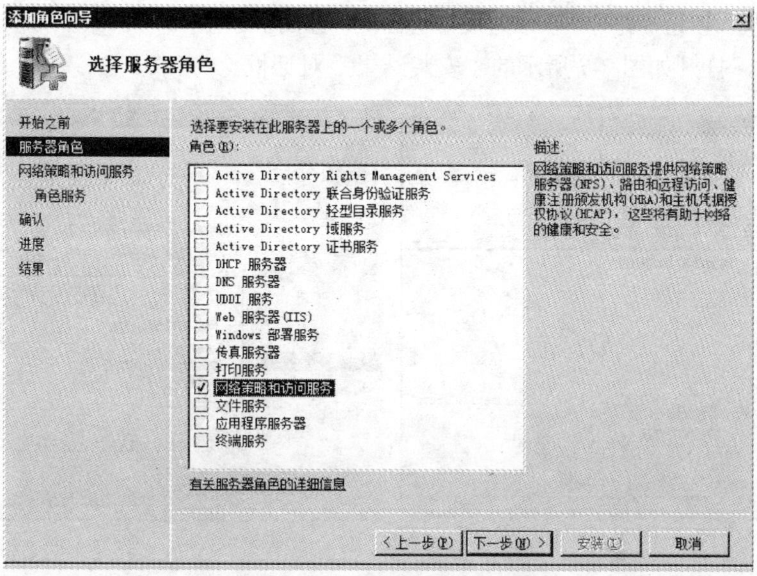

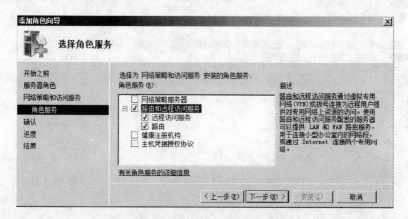

图7-3　"选择服务器角色"对话框

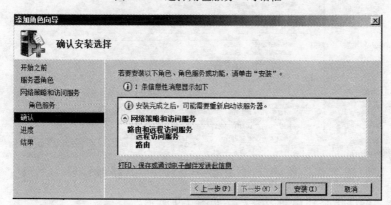

图7-4　"选择角色服务"对话框

图7-5　"确认安装选择"对话框

单击"安装"按钮，打开"安装进度"对话框，如图7-6所示。

安装完毕，打开如图7-7所示的"安装结果"对话框。

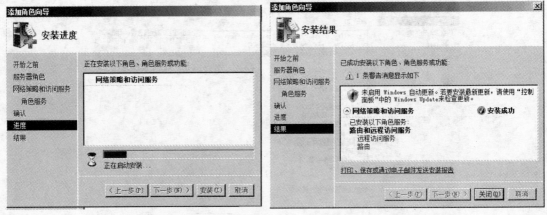

图7-6　"安装进度"对话框　　　　图7-7　"安装结果"对话框

5）单击"关闭"按钮，返回"服务器管理器"窗口，可以看到角色摘要下显示"网络策略和访问服务"已安装，如图7-8所示。

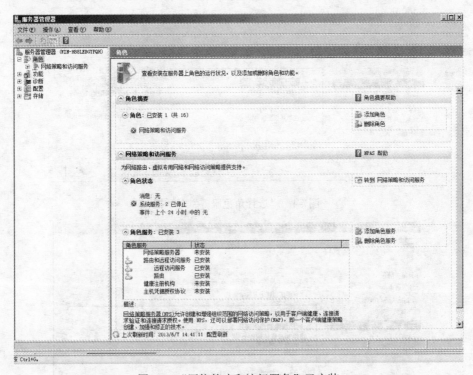

图7-8　"网络策略和访问服务"已安装

然后展开"网络策略和访问服务"，如图7-9所示。

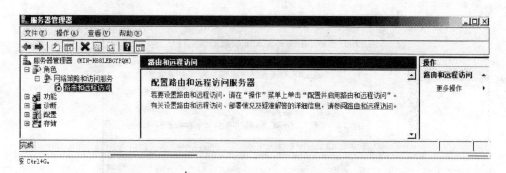

图7-9 展开"网络策略和访问服务"

6）选择"路由和远程访问"并单击鼠标右键，在弹出的快捷菜单中选择"配置并启用路由和远程访问"，如图 7-10 所示。

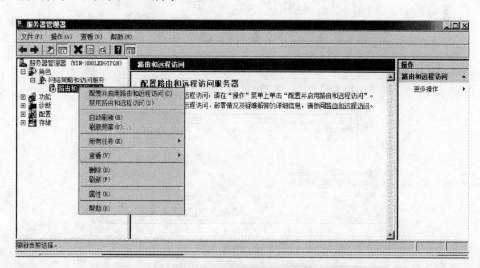

图7-10 选择"配置并启用路由和远程访问"

打开如图 7-11 所示的"路由和远程访问服务器安装向导"对话框。

7）单击"下一步"按钮，进入服务选择窗口，如图 7-12 所示。此处使用 VPN 服务器，选择第 3 项，然后连续单击"下一步"按钮。

8）打开"VPN 连接"对话框，选择其中一个连接，这里选择"本地连接"，单击"下一步"按钮，如图 7-13 所示。

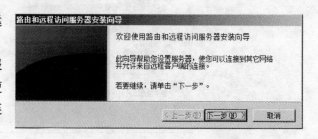

图 7-11 "路由和远程访问服务器安装向导" 对话框

在出现的如图 7-14 所示的"IP 地址分配"对话框中选择"来自一个指定的地址范围"单选按钮。要求指定相关的 IP 地址。

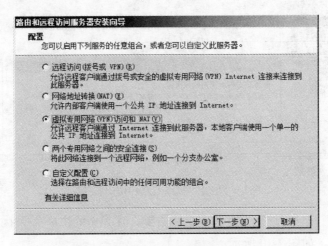

图7-12　服务选择窗口

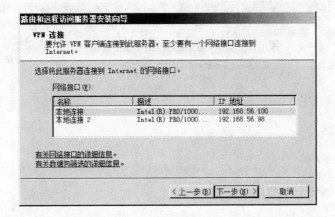

图7-13　选择连接

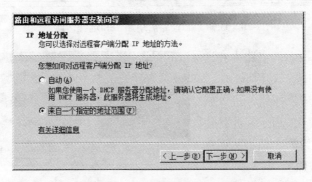

图7-14　"IP地址分配"对话框

　　此处指定的IP地址范围是作为VPN客户端通过虚拟专网连接到VPN服务器时所使用的IP地址池。单击"新建"按钮，出现"新建IPv4地址范围"对话框，在起始IP地址文本框中输入"192.168.56.111"，在"结束IP地址"文本框中输入"192.168.56.122"，如图7-15所示。

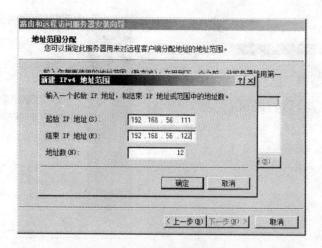

图7-15　新建IP地址范围

9）单击"确定"按钮，可以看到已经指定了一段 IP 地址，如图 7-16 所示。

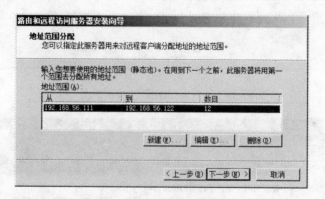

图7-16　地址范围分配

单击"下一步"按钮，打开"管理多个远程访问服务器"对话框，在该对话框中可以指定身份验证的方法是路由和远程访问服务器还是 RADIUS 服务器，在此选择"否，使用路由和远程访问来对连接请求进行身份验证"单选按钮，如图 7-17 所示。

单击"下一步"按钮，完成 VPN 配置，如图 7-18 所示。

单击"完成"按钮，出现如图 7-19 所示的"路由和远程访问"对话框，表示需要配置 DHCP 中继代理程序，最后单击"确定"按钮。

10）这时看到"服务器管理器"角色中"路由和远程访问"已启动（显示为向上的绿色箭头），如图 7-20 所示。至此，Windows Server VPN 服务器的配置完成。

2. 添加权限账号

在服务器配置完毕后，还需要为远程的用户添加一个拨入 VPN 服务器的权限账户，VPN 服务器将使用该账户对远程连接进行认证。

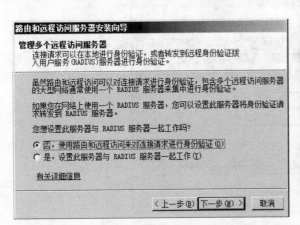

图7-17 "管理多个远程访问服务器"对话框

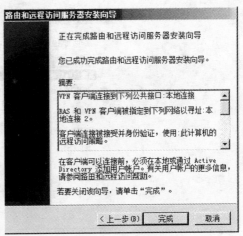

图7-18 完成VPN配置

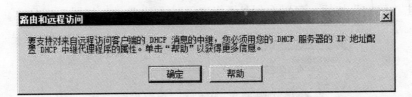

图7-19 需要配置DHCP中继代理程序

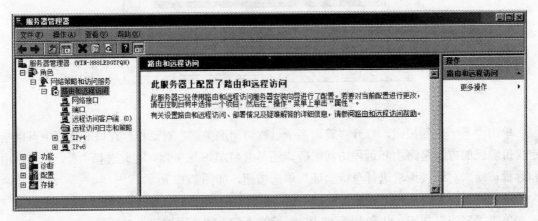

图7-20 完成Windows Server VPN服务器的配置

选择"我的电脑"并单击鼠标右键,在弹出的快捷菜单中选择"管理"菜单项。

在打开的"计算机管理"窗口中展开"本地用户和组"→"用户"项,选择用户列表中的某一个用户名称(如 Administrator)并单击鼠标右键,在弹出的快捷菜单中选择"属性"命令,如图 7-21 所示。

在打开的"Administrator 属性"窗口中的"拨入"选项卡中,选择"允许访问"单选按钮,确定后服务器与账号的设置就成功了。

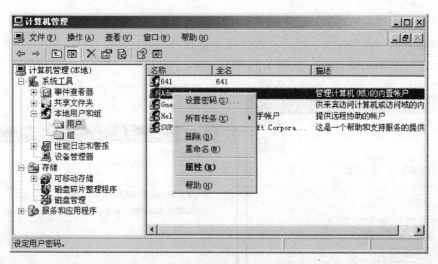

图7-21　选择"属性"选项

3. VPN 客户端配置

VPN 户端配置非常简单,只需建立一个到服务器的虚拟专用连接,然后通过该虚拟专用的连接拨号建立连接即可。下面将以 Windows XP 客户端为例进行说明,配置步骤如下。

1)选择"网上邻居"并单击鼠标右键,在弹出的快捷菜单中选择"属性"命令,在"网络连接"窗口中双击"新建连接向导"打开向导窗口,单击"下一步"按钮。接着在"网络连接类型"对话框中选择第 2 项"连接到我的工作场所的网络"单选按钮,继续单击"下一步"按钮,如图 7-22 所示。

2)在如图 7-23 所示的"网络连接"对话框中,选择"虚拟专用网络连接"单选按钮,然后单击"下一步"按钮。

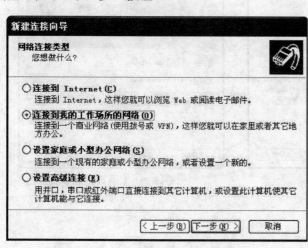

图7-22　选择"网络连接类型"

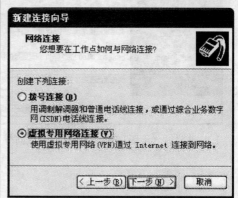

图7-23　选择"虚拟专用网络连接"

3）打开"连接名"对话框，在此对话框中输入公司名，如图 7-24 所示。

4）单击"下一步"按钮，打开"VPN 服务器选择"对话框，在"主机名或 IP 地址"文本框中输入"192.168.56.100"，如图 7-25 所示。

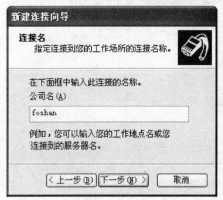 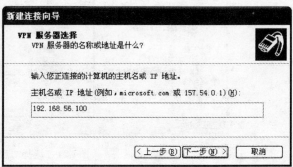

图7-24　输入公司名　　　　　　　　　　图7-25　VPN服务器选择

5）单击"下一步"按钮，在"可用连接"对话框中选择"只是我使用"。单击"下一步"按钮，打开如图 7-26 所示的"正在完成新建连接向导"对话框。

6）单击"完成"按钮，出现"连接 foshan"对话框，如图 7-27 所示。输入用户名和密码，单击"连接"按钮，经过身份验证后即可连接到 VPN 服务器。

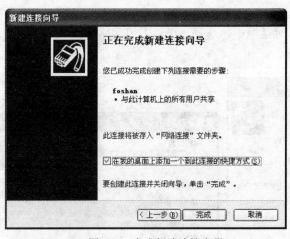 

图7-26　完成新建连接向导　　　　　　　图7-27　输入用户名和密码

相关知识

1. VPN

VPN（Virtual Private Network，虚拟专用网络）是指在公用网络上建立专用网络的技术。

140

之所以称为虚拟网，主要是因为整个 VPN 网络的任意两个节点之间的连接并没有传统专用网络所需的端到端的物理链路，而是架构在公用网络服务商所提供的网络平台，如 Internet、ATM（异步传输模式）、Frame Relay （帧中继）等之上的逻辑网络，用户数据在逻辑链路中传输。它涵盖了跨共享网络或公共网络的封装、加密和身份验证链接的专用网络的扩展。

　　VPN 属于远程访问技术，简单地说就是利用公网链路架设私有网络，如图 7-28 所示。

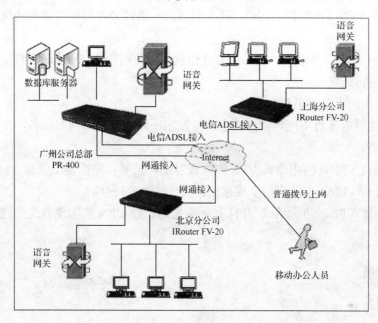

图7-28　VPN的原理

　　例如，公司员工出差到外地，他想访问企业内网的服务器资源，这种访问就属于远程访问。怎么才能让外地员工访问到内网资源呢？VPN 的解决方法是在内网中架设一台 VPN 服务器，VPN 服务器有两块网卡，一块连接内网，一块连接公网。外地员工在当地连上互联网后，通过互联网找到 VPN 服务器，然后利用 VPN 服务器作为跳板进入企业内网。为了保证数据安全，VPN 服务器和客户机之间的通信数据都进行了加密处理。有了数据加密，就可以认为数据是在一条专用的数据链路上进行安全传输，就如同专门架设了一个专用网络一样。但实际上 VPN 使用的是互联网上的公用链路，因此只能称为虚拟专用网。即 VPN 实质上就是利用加密技术在公网上封装出一个数据通信隧道。有了 VPN 技术，用户无论是在外地出差还是在家中办公，只要能够上互联网就能利用 VPN 非常方便地访问内网资源，这就是为什么 VPN 在企业中应用得如此广泛的原因。

2．VPN 的分类

　　根据不同的划分标准，VPN 可以按以下几个标准进行分类划分。

　　（1）按 VPN 的协议分类

VPN 的隧道协议主要有 3 种，即 PPTP，L2TP 和 IPSec，其中 PPTP 和 L2TP 协议工作在

OSI 模型的第二层，又称为二层隧道协议；IPSec 是第三层隧道协议，也是最常见的协议。L2TP 和 IPSec 配合使用是目前性能最好，应用最广泛的一种。

（2）按 VPN 的应用分类

1）Access VPN（远程接入 VPN）：客户端到网关，使用公网作为骨干网在设备之间传输 VPN 的数据流量。

2）Intranet VPN（内联网 VPN）：网关到网关，通过公司的网络架构连接来自同公司的资源。

3）Extranet VPN（外联网 VPN）：与合作伙伴企业网构成 Extranet，将一个公司与另一个公司的资源进行连接。

（3）按所用的设备类型进行分类

网络设备提供商针对不同客户的需求，开发出不同的 VPN 网络设备，主要为交换机、路由器和防火墙。

1）路由器式 VPN：路由器式 VPN 部署较容易，只要在路由器上添加 VPN 服务即可。

2）交换机式 VPN：主要应用于连接用户较少的 VPN 网络。

3）防火墙式 VPN：防火墙式 VPN 是最常见的一种 VPN 的实现方式，许多厂商都提供这种配置类型。

任务拓展

VPN 的优缺点

（1）优点

1）VPN 能够让移动员工、远程员工、商务合作伙伴和其他人利用本地可用的高速宽带网（如 DSL、有线电视或者 Wi-Fi 网络）连接到企业网络。此外，高速宽带网连接提供一种成本效率高的连接远程办公室的方法。

2）设计良好的宽带 VPN 是模块化和可升级的。这种技术能够让应用者使用一种很容易设置的互联网基础设施，让新的用户迅速和轻松地添加到这个网络。这种能力意味着企业不用增加额外的基础设施就可以提供大量的容量和应用。

3）VPN 能够提供高水平的安全，使用高级的加密和身份识别协议保护数据避免受到窥探，阻止数据窃贼和其他非授权用户接触这种数据。

（2）缺点

1）企业不能直接控制基于互联网的 VPN 的可靠性和性能。机构必须依靠提供 VPN 的互联网服务提供商保证服务的运行。这个因素使企业与互联网服务提供商讨价还价签署一个服务级协议非常重要，要签署一个保证各种性能指标的协议。

2）企业创建和部署 VPN 线路并不容易。这种技术需要高水平地理解网络和安全问题，需要认真的规划和配置。因此，选择互联网服务提供商负责运行 VPN 的大多数事情是一个好主意。

3）不同厂商的 VPN 产品和解决方案总是不兼容的，因为许多厂商不愿意或者不能遵守 VPN 技术标准。因此，混合使用不同厂商的产品可能会出现技术问题。另一方面，使用一家供应商的设备可能会提高成本。

4）当使用无线设备时，VPN 有安全风险。在接入点之间漫游特别容易出现问题。当用户在接入点之间漫游时，任何使用高级加密技术的解决方案都可能被攻破。幸运的是有一些能够解决这个缺陷的第三方解决方案。

任务 2　规划与实现 VLAN

任务分析

通过本任务，我们可以掌握创建 VLAN 的方法，并把交换机接口划分到特定 VLAN。

任务实战

学校实验楼中有两个实验室位于同一楼层，一个是计算机软件实验室，一个是多媒体实验室，两个实验室的信息端口都连接在一台交换机上。学校已经为实验楼分配了固定的 IP 地址段，为了保证两个实验室的相对独立，就需要划分对应的 VLAN，使交换机某些端口属于软件实验室，某些端口属于多媒体实验室，这样就能保证它们之间的数据互不干扰，也不影响各自的通信效率。本任务采用神州数码 DCS-3926S 交换机，如图 7-29 所示。

1. 设计 VLAN

在交换机上划分两个基于端口的 VLAN：VLAN100，VLAN200，见表 7-1。使得 VLAN100 的成员能够互相访问，VLAN200 的成员能够互相访问；VLAN100 和 VLAN200 成员之间不能互相访问。

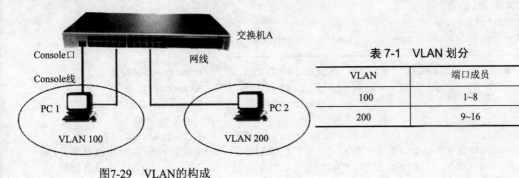

图7-29　VLAN的构成

表 7-1　VLAN 划分

VLAN	端口成员
100	1~8
200	9~16

PC1 和 PC2 的网络设置见表 7-2。

表 7-2　VLAN 网络设置

设备	IP 地址	Mask
交换机 A	192.168.1.11	255.255.255.0
PC1	192.168.1.101	255.255.255.0
PC2	192.168.1.102	255.255.255.0

PC1、PC2 接在 VLAN100 的成员端口 1~8 上，两台 PC 互相可以 ping 通；PC1、PC2 接在 VLAN 的成员端口 9~16 上，两台 PC 互相可以 ping 通；PC1 接在 VLAN100 的成员端口 1~8 上，PC2 接在 VLAN200 的成员端口 9~16 上，互相 ping 不通。

2．配置步骤

第 1 步：交换机恢复出厂设置。

```
switch#set default
switch#write
switch#reload
```

第 2 步：给交换机设置 IP 地址即管理 IP。

```
switch#config
switch（Config）#interface vlan 1
switch（Config-If-Vlan1）#ip address 192.168.1.11 255.255.255.0
switch（Config-If-Vlan1）#no shutdown
switch（Config-If-Vlan1）#exit
switch（Config）#exit
```

第 3 步：创建 vlan100 和 vlan200。

```
switch（Config）#
switch（Config）#vlan 100
switch（Config-Vlan100）#exit
switch（Config）#vlan 200
switch（Config-Vlan200）#exit
switch（Config）#
```

验证配置：

```
switch#show vlan
VLAN Name            Type     Media    Ports
---- ------------ ---------- -------- ----------------------------------------
1  default     Static    ENET    Ethernet0/0/1      Ethernet0/0/2
                                  Ethernet0/0/3      Ethernet0/0/4
                                  Ethernet0/0/5      Ethernet0/0/6
.....................
                                  Ethernet0/0/27     Ethernet0/0/28
100  VLAN0100     Static    ENET    ! 已经创建了 vlan100, vlan100 中没有端口;
200  VLAN0200     Static    ENET    ! 已经创建了 vlan200, vlan200 中没有端口;
```

第 4 步：给 vlan100 和 vlan200 添加端口。

```
switch（Config）#vlan 100                 ! 进入 vlan 100
switch（Config-Vlan100）#switchport interface ethernet 0/0/1-8
! 给 vlan100 加入端口 1~8
```

```
Set the port Ethernet0/0/1 access vlan 100 successfully
Set the port Ethernet0/0/2 access vlan 100 successfully
Set the port Ethernet0/0/3 access vlan 100 successfully
Set the port Ethernet0/0/4 access vlan 100 successfully
Set the port Ethernet0/0/5 access vlan 100 successfully
Set the port Ethernet0/0/6 access vlan 100 successfully
Set the port Ethernet0/0/7 access vlan 100 successfully
Set the port Ethernet0/0/8 access vlan 100 successfully
switch (Config-Vlan100) #exit
switch (Config) #vlan 200                           ! 进入 vlan 200
switch (Config-Vlan200) #switchport interface ethernet 0/0/9~16
! 给 vlan200 加入端口 9~16
Set the port Ethernet0/0/9 access vlan 200 successfully
Set the port Ethernet0/0/10 access vlan 200 successfully
Set the port Ethernet0/0/11 access vlan 200 successfully
Set the port Ethernet0/0/12 access vlan 200 successfully
Set the port Ethernet0/0/13 access vlan 200 successfully
Set the port Ethernet0/0/14 access vlan 200 successfully
Set the port Ethernet0/0/15 access vlan 200 successfully
Set the port Ethernet0/0/16 access vlan 200 successfully
switch (Config-Vlan200) #exit
```

验证配置：

```
switch#show vlan
VLAN Name         Type     Media    Ports
-- ----------- --------- -------- -------------------------------------
1  default     Static    ENET     Ethernet0/0/17    Ethernet0/0/18
                                   Ethernet0/0/19    Ethernet0/0/20
                                   Ethernet0/0/21    Ethernet0/0/22
                                   Ethernet0/0/23    Ethernet0/0/24
      Ethernet0/0/25      Ethernet0/0/26
                                   Ethernet0/0/27    Ethernet0/0/28
100 VLAN0100    Static    ENET     Ethernet0/0/1     Ethernet0/0/2
                                   Ethernet0/0/3     Ethernet0/0/4
                                   Ethernet0/0/5     Ethernet0/0/6
                                   Ethernet0/0/7     Ethernet0/0/8
200 VLAN0200    Static    ENET     Ethernet0/0/9     Ethernet0/0/10
                                   Ethernet0/0/11    Ethernet0/0/12
                                   Ethernet0/0/13    Ethernet0/0/14
                                   Ethernet0/0/15    Ethernet0/0/16
```

相关知识

1. VLAN

VLAN（Virtual Local Area Network，虚拟局域网）是一种将局域网设备从逻辑上划分成一个个网段，从而实现虚拟工作组的新兴数据交换技术，如图 7-30 所示。这一新兴技术主要应用于交换机和路由器中，但主流应用还是在交换机中。但又不是所有交换机都具有此功能，只有 VLAN 协议的第三层以上交换机才具有此功能，这一点可以查看相应交换机的说明书即可得知。

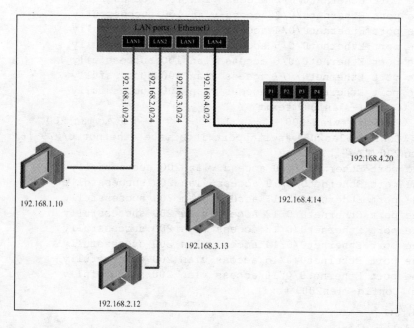

图7-30   VLAN

交换技术的发展，加快了新的交换技术（VLAN）的应用速度。通过将企业网络划分为虚拟网络 VLAN 网段，可以强化网络管理和网络安全，控制不必要的数据广播。在共享网络中，一个物理的网段就是一个广播域。而在交换网络中，广播域可以是由一组任意选定的第二层网络地址（MAC 地址）组成的虚拟网段。这样，网络中工作组的划分可以突破共享网络中的地理位置限制，而完全根据管理功能来划分。这种基于工作流的分组模式，大大提高了网络规划和重组的管理功能。在同一个 VLAN 中的工作站，不论它们实际与哪个交换机连接，它们之间的通信就好像在独立的交换机上一样。同一个 VLAN 中的广播只有 VLAN 中的成员才能听到，而不会传输到其他的 VLAN 中，这样可以很好地控制不必要的广播风暴的产生。同时，若没有路由的话，不同 VLAN 之间不能相互通信，这就提高了企业网络中不同部门之间的安全性。网络管理员可以通过配置 VLAN 之间的路由来全面管理企业内部不同管理单元之间的信息互访。交换机是根据交换机的端口来划分 VLAN 的。所以，用户可以自由地在企业网络中移动办公，不论他在何处接入交换网络，都可以与 VLAN 内其他用户自如通信。

VLAN 网络可以由混合的网络类型设备组成，比如，10Mbit/s 以太网、100Mbit/s 以太网、令牌网、FDDI、CDDI 等，也可以是工作站、服务器、集线器、网络上行主干等。

VLAN 除了能将网络划分为多个广播域，从而有效地控制广播风暴的发生，以及使网络的拓扑结构变得非常灵活的优点外，还可以用于控制网络中不同部门、不同站点之间的互相访问。

VLAN 是为解决以太网的广播问题和安全性而提出的一种协议，它在以太网帧的基础上增加了 VLAN 头，用 VLAN ID 把用户划分为更小的工作组，限制不同工作组间的用户互访，每个工作组就是一个虚拟局域网。虚拟局域网的好处是可以限制广播范围，并能够形成虚拟工作组和动态管理网络。

2. 划分 VLAN 的目的

划分 VLAN 的目的非常多。通过认识 VLAN 的本质，将可以了解其用处究竟在哪些地方。

1）要知道 192.168.1.2/30 和 192.168.2.6/30 都属于不同的网段，都必须要通过路由器才能进行访问，凡是不同网段间要互相访问，都必须通过路由器。

2）VLAN 本质就是指一个网段，之所以叫做虚拟的局域网，是因为它是在虚拟的路由器的接口下创建的网段。

比如一个路由器只有一个用于终端连接的端口（当然这种情况基本不可能发生，只不过简化举例），这个端口被分配了 192.168.1.1/24 的地址。然而由于公司有两个部门，一个销售部，一个企划部，每个部门要求单独成为一个子网，有单独的服务器。那么当然可以划分为 192.168.1.0~127/25、192.168.1.128~255/25。但是路由器的物理端口只可以分配一个 IP 地址，那怎样来区分不同网段呢？这就可以在这个物理端口下，创建两个子接口—逻辑接口实现。

比如逻辑接口 F0/0.1 就分配 IP 地址 192.168.1.1/25，用于销售部，而 F0/0.2 就分配 IP 地址 192.168.1.129/25，用于企划部。这样就等于用一个物理端口实现了两个逻辑接口的功能，就将原本只能划分一个网段的情形，扩展到了可以划分 2 个或者更多个网段的情形。这些网段因为是在逻辑接口下创建的，所以称之为虚拟局域网 VLAN。

以上在路由器的层次上阐述了划分 VLAN 的目的。

3）在交换机的层次上阐述划分 VLAN 的目的。

在现实中，由于很多原因必须划分出不同网段。比如只有销售部和企划部两个网段。那么可以简单地将销售部全部接入一个交换机，然后接入路由器的一个端口，把企划部全部接入一个交换机，然后接入一个路由器端口。这种情况是 LAN。然而正如上面所说，如果路由器就一个用于终端的接口，那么这两个交换机就必须接入同一个路由器的接口，这个时候，如果还想保持原来网段的划分，则必须使用路由器的子接口，创建 VLAN。

同样，比如两个交换机，如果想要每个交换机上的端口都分别属于不同的网段，那么有几个网段，就提供几个路由器的接口，这个时候，虽然在路由器的物理接口上可以定义这个接口可以连接哪个网段，但是在交换机的层次上，它并不能区分哪个端口属于哪个网段，那么唯一能实现区分的方法，就是划分 VLAN，使用了 VLAN 就能区分出某个交换机端口的终端是属于哪个网段的。

当一个交换机上的所有端口中有至少一个端口属于不同网段时，当路由器的一个物理端口要连接 2 个或者以上的网段时，就是 VLAN 发挥作用的时候，这就是划分 VLAN 的目的。

任务拓展

1. VLAN 的优点

（1）广播风暴防范

限制网络上的广播，将网络划分为多个 VLAN，可减少参与广播风暴的设备数量。LAN 分段可以防止广播风暴波及整个网络。VLAN 可以提供建立防火墙的机制，防止交换网络的过量广播。使用 VLAN，可以将某个交换端口或用户赋予某一个特定的 VLAN 组，该 VLAN 组可以在一个交换网中或跨接多个交换机，在一个 VLAN 中的广播不会送到 VLAN 之外。同样，相邻的端口不会收到其他 VLAN 产生的广播。这样可以减少广播流量，释放带宽给用户应用，减少广播的产生。

（2）安全

增强局域网的安全性，含有敏感数据的用户组可与网络的其余部分隔离，从而降低泄露机密信息的可能性。不同 VLAN 内的报文在传输时是相互隔离的，即一个 VLAN 内的用户不能和其他 VLAN 内的用户直接通信，如果不同 VLAN 要进行通信，则需要通过路由器或三层交换机等三层设备。

（3）成本降低

成本高昂的网络升级需求减少，现有带宽和上行链路的利用率更高，因此可节约成本。

（4）性能提高

将第二层平面网络划分为多个逻辑工作组（广播域）可以减少网络上不必要的流量并提高性能。

（5）提高 IT 员工效率

VLAN 为网络管理带来了方便，因为有相似网络需求的用户将共享同一个 VLAN。

（6）应用管理

VLAN 将用户和网络设备聚合到一起，以支持商业需求或地域上的需求。通过职能划分，项目管理或特殊应用的处理都变得十分方便，例如，可以轻松管理教师的电子教学开发平台。此外，也很容易确定升级网络服务的影响范围。

（7）增加网络连接的灵活性

借助 VLAN 技术，能将不同地点、不同网络、不同用户组合在一起，形成一个虚拟的网络环境，就像使用本地 LAN 一样方便、灵活、有效。VLAN 可以降低移动或变更工作站地理位置的管理费用，特别是一些业务情况有经常性变动的公司使用了 VLAN 后，这部分管理费用会大大降低。

2. VLAN 的组建条件

VLAN 是建立在物理网络基础上的一种逻辑子网，因此建立 VLAN 需要相应的支持 VLAN 技术的网络设备。当网络中的不同 VLAN 间进行相互通信时，需要路由的支持，这时就需要增加路由设备——要实现路由功能，既可采用路由器，也可采用三层交换机来完成，同时还严格限制了用户数量。

任务 3 应用 NAT 技术

任务分析

随着 Internet 技术的不断发展，IP 地址资源缺乏是 Internet 面临的一个关键问题。借助于 NAT，私有（保留）地址的"内部"网络通过路由器发送数据包时，私有地址被转换成合法的 IP 地址，一个局域网只需要使用少量 IP 地址（甚至是 1 个）即可实现私有地址网络内所有计算机与 Internet 的通信需求。

任务实战

NAT 配置

在配置网络地址转换的过程之前，首先必须搞清楚内部接口和外部接口，以及在哪个外部接口上启用 NAT。通常情况下，连接到用户内部网络的接口是 NAT 内部接口，而连接到外部网络（如 Internet）的接口是 NAT 外部接口。

（1）静态地址转换的实现

假设内部局域网使用的 IP 地址段为 192.168.0.1～192.168.0.254，路由器局域网端（即默认网关）的 IP 地址为 192.168.0.1，子网掩码为 255.255.255.0。网络分配的合法 IP 地址范围为 61.159.62.128～61.159.62.135，路由器在广域网中的 IP 地址为 61.159.62.129，子网掩码为 255.255.255.248，可用于转换的 IP 地址范围为 61.159.62.130～61.159.62.134。要求将内部网址 192.168.0.2～192.168.0.6 分别转换为合法的 IP 地址 61.159.62.130～61.159.62.134。

第 1 步：设置外部端口。

```
interface serial 0
ip address 61.159.62.129 255.255.255.248
ip nat outside
```

第 2 步：设置内部端口。

```
interface ethernet 0
ip address 192.168.0.1 255.255.255.0
ip nat inside
```

第 3 步：在内部本地与外部合法地址之间建立静态地址转换。

```
ip nat inside source static 内部本地地址内部合法地址。
```

示例：

```
ip nat inside source static 192.168.0.2 61.159.62.130 // 将内部网络地址
192.168.0.2 转换为合法 IP 地址 61.159.62.130
   ip nat inside source static 192.168.0.3 61.159.62.131 // 将内部网络地址
192.168.0.3 转换为合法 IP 地址 61.159.62.131
```

```
    ip nat inside source static 192.168.0.4 61.159.62.132 //将内部网络地址
192.168.0.4转换为合法IP地址61.159.62.132
    ip nat inside source static 192.168.0.5 61.159.62.133 //将内部网络地址
192.168.0.5转换为合法IP地址61.159.62.133
    ip nat inside source static 192.168.0.6 61.159.62.134 //将内部网络地址
192.168.0.6转换为合法IP地址61.159.62.134
```

至此，静态地址转换配置完毕。

（2）动态地址转换的实现

假设内部网络使用的IP地址段为172.16.100.1～172.16.100.254，路由器局域网端口（即默认网关）的IP地址为172.16.100.1，子网掩码为255.255.255.0。网络分配的合法IP地址范围为61.159.62.128～61.159.62.191，路由器在广域网中的IP地址为61.159.62.129，子网掩码为255.255.255.192，可用于转换的IP地址范围为61.159.62.130～61.159.62.190。要求将内部网址172.16.100.1～172.16.100.254动态转换为合法IP地址61.159.62.130～61.159.62.190。

第1步：设置外部端口。

设置外部端口命令的语法如下：

```
ip nat outside
```

示例：

```
interface serial 0 //进入串行端口serial 0
```

```
ip address 61.159.62.129 255.255.255.192//将其IP地址指定为61.159.62.129，子网
```
掩码为255.255.255.192

```
ip nat outside //将串行口serial 0设置为外网端口
```

注意，可以定义多个外部端口。

第2步：设置内部端口。

设置内部接口命令的语法如下：

```
ip nat inside
```

示例：

```
interface ethernet 0 //进入以太网端口Ethernet 0
```

```
ip address 172.16.100.1 255.255.255.0 // 将其IP地址指定为172.16.100.1，子网掩
```
码为255.255.255.0

```
ip nat inside //将Ethernet 0设置为内网端口。
```

注意，可以定义多个内部端口。

第3步：定义合法IP地址池。

定义合法IP地址池命令的语法如下：

```
ip nat pool 地址池名称起始IP地址 终止IP地址子网掩码
```

其中，地址池名字可以任意设定。

示例：

`ip nat pool chinanet 61.159.62.130 61.159.62.190 netmask 255.255.255.192` //指明地址缓冲池的名称为 chinanet，IP 地址范围为 61.159.62.130～61.159.62.190，子网掩码为 255.255.255.192。需要注意的是，即使掩码为 255.255.255.0，也会由起始 IP 地址和终止 IP 地址对 IP 地址池进行限制。

或 `ip nat pool test 61.159.62.130 61.159.62.190 prefix-length 26`

注意，如果有多个合法 IP 地址范围，可以分别添加。例如，如果还有一段合法 IP 地址范围为 211.82.216.1～211.82.216.254，那么，可以再通过下述命令将其添加至缓冲池中。

`ip nat pool cernet 211.82.216.1 211.82.216.254 netmask 255.255.255.0`

或

`ip nat pool test 211.82.216.1 211.82.216.254 prefix-length 24`

第 4 步：定义内部网络中允许访问 Internet 的访问列表。

定义内部访问列表命令的语法如下：

`access-list 标号 permit 源地址通配符`（其中，标号为 1～99 之间的整数）。

`access-list 1 permit 172.16.100.0 0.0.0.255` //允许访问 Internet 的网段为 172.16.100.0～172.16.100.255，反掩码为 0.0.0.255。需要注意的是，在这里采用的是反掩码，而非子网掩码。反掩码与子网掩码的关系为：反掩码+子网掩码=255.255.255.255。例如，子网掩码为 255.255.0.0，则反掩码为 0.0.255.255；子网掩码为 255.0.0.0，则反掩码为 0.255.255.255；子网掩码为 255.252.0.0，则反掩码为 0.3.255.255；子网掩码为 255.255.255.192，则反掩码为 0.0.0.63。

另外，如果想将多个 IP 地址段转换为合法 IP 地址，可以添加多个访问列表。例如，当将 172.16.98.0～172.16.98.255 和 172.16.99.0～172.16.99.255 转换为合法 IP 地址时，应当添加下述命令：

`access-list2 permit 172.16.98.0 0.0.0.255`

`access-list3 permit 172.16.99.0 0.0.0.255`

第 5 步：实现网络地址转换。

在全局设置模式下，将第 4 步由 access-list 指定的内部本地地址列表与第 3 步指定的合法 IP 地址池进行地址转换。命令语法如下：

`ip nat inside source list 访问列表标号 pool 内部合法地址池名字`

示例：

`ip nat inside source list 1 pool chinanet`

如果有多个内部访问列表，可以一一添加，以实现网络地址转换，如

`ip nat inside source list 2 pool chinanet`

`ip nat inside source list 3 pool chinanet`

如果有多个地址池，也可以一一添加，以增加合法地址池范围，如

`ip nat inside source list 1 pool cernet`

```
ip nat inside source list 2 pool cernet
ip nat inside source list 3 pool cernet
```
至此，动态地址转换设置完毕。

（3）端口复用动态地址转换

内部网络使用的 IP 地址段为 10.100.100.1～10.100.100.254，路由器局域网端口（即默认网关）的 IP 地址为 10.100.100.1，子网掩码为 255.255.255.0。网络分配的合法 IP 地址范围为 202.99.160.0～202.99.160.3，路由器广域网中的 IP 地址为 202.99.160.1，子网掩码为 255.255.255.252，可用于转换的 IP 地址为 202.99.160.2。要求将内部网址 10.100.100.1～10.100.100.254 转换为合法 IP 地址 202.99.160.2。

第 1 步：设置外部端口。

```
interface serial 0
ip address 202.99.160.1 255.255.255.252
ip nat outside
```
第 2 步：设置内部端口。

```
interface ethernet 0
ip address 10.100.100.1 255.255.255.0
ip nat inside
```
第 3 步：定义合法 IP 地址池。

```
ip nat pool onlyone 202.99.160.2 202.99.160.2 netmask 255.255.255.252
```
指明地址缓冲池的名称为 onlyone，IP 地址范围为 202.99.160.2，子网掩码为 255.255.255.252。由于本例只有一个 IP 地址可用，所以，起始 IP 地址与终止 IP 地址均为 202.99.160.2。如果有多个 IP 地址，则应当分别输入起止的 IP 地址。

第 4 步：定义内部访问列。

```
access-list 1 permit 10.100.100.0 0.0.0.255
```
允许访问 Internetr 的网段为 10.100.100.0～10.100.100.255，子网掩码为 255.255.255.0。需要注意的是，在这里子网掩码的顺序跟平常所写的顺序相反，即 0.0.0.255。

第 5 步：设置复用动态地址转换。

在全局设置模式下，设置在内部的本地地址与内部合法 IP 地址间建立复用动态地址转换。命令语法如下：

```
ip nat inside source list 访问列表号 pool 内部合法地址池名字 overload
```
示例：

```
ip nat inside source list1 pool onlyone overload //以端口复用方式，将访问列表 1
```
中的私有 IP 地址转换为 onlyone IP 地址池中定义的合法 IP 地址。

注意：overload 是复用动态地址转换的关键词。

至此，端口复用动态地址转换完成。

还可以这样写:

```
ip nat inside source list 1 interface serial 0 overload
```

相关知识

1. NAT

NAT(Network Address Translation,网络地址转换)属于接入广域网(WAN)技术,是一种将 IP 数据包头中的 IP 地址转换为另一个 IP 地址的过程。在实际应用中,NAT 主要用于实现私有网络访问公共网络的功能。这种通过使用少量的公有 IP 地址代表较多的私有 IP 地址的方式,将有助于减缓可用 IP 地址空间的枯竭。

说明:

私有 IP 地址是指内部网络或主机的 IP 地址,公有 IP 地址是指在互联网上全球唯一的 IP 地址。

RFC 1918 为私有网络预留出了 3 个 IP 地址块。

A 类:10.0.0.0~10.255.255.255

B 类:172.16.0.0~172.31.255.255

C 类:192.168.0.0~192.168.255.255

由于上述 3 个范围内的地址不会在互联网上被分配,因此可以不必向 ISP 或注册中心申请而在公司或企业内部自由使用。

2. NAT 的工作流程

1)如图 7-31 所示,这个 client(终端)的 gateway 设定为 NAT 主机,所以当要连上 Internet 时,该封包就会被送到 NAT 主机,此时的封包 Header 的 source IP(源 IP)为 192.168.1.100。

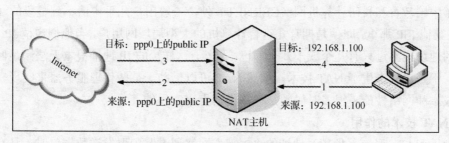

图7-31　NAT工作流程

2)透过这个 NAT 主机,它会将 client 的对外联机封包的 source IP(192.168.1.100)伪装成 ppp0(假设为拨接情况)。这个接口所具有的公共 IP,因为是公共 IP,所以这个封包就可以连上 Internet 了。同时 NAT 主机会记忆这个联机的封包是由哪一个(192.168.1.100)client 端传送过来的。

3)由 Internet 传送回来的封包,当然由 NAT 主机来接收了,这个时候,NAT 主机会去查询原本记录的路由信息，并将目标 IP 由 ppp0 上面的公共 IP 改回原来的 192.168.1.100。

4）最后由 NAT 主机将该封包传送给原先发送封包的 client。

3．NAT 的实现方式

NAT 的实现方式有 3 种，即静态转换、动态转换和端口多路复用。

1）静态转换（Static Nat）是指将内部网络的私有 IP 地址转换为公有 IP 地址，IP 地址对是一对一的，是一成不变的，某个私有 IP 地址只转换为某个公有 IP 地址。借助于静态转换，可以实现外部网络对内部网络中某些特定设备（如服务器）的访问。

2）动态转换（Dynamic Nat）是指将内部网络的私有 IP 地址转换为公用 IP 地址时，IP 地址是不确定的，是随机的，所有被授权访问 Internet 的私有 IP 地址可随机转换为任何指定的合法 IP 地址。也就是说，只要指定哪些内部地址可以进行转换，以及用哪些合法地址作为外部地址时，就可以进行动态转换。动态转换可以使用多个合法外部地址集。当 ISP 提供的合法 IP 地址略少于网络内部的计算机数量时，可以采用动态转换的方式。

3）端口多路复用，即端口地址转换（Port Address Translation，PAT），是指改变外出数据包的源端口并进行端口转换。采用端口多路复用方式，内部网络的所有主机均可共享一个合法外部 IP 地址实现对 Internet 的访问，从而可以最大限度地节约 IP 地址资源。同时，又可隐藏网络内部的所有主机，有效避免来自 Internet 的攻击。因此，目前网络中应用最多的就是端口多路复用方式。

任务拓展

1．NAT 技术产生的背景

随着接入 Internet 的计算机数量的不断猛增，IP 地址资源也就愈加显得捉襟见肘。事实上，除了中国教育和科研计算机网（CERNET）外，一般用户几乎申请不到整段的 C 类 IP 地址。在其他 ISP 那里，即使是拥有几百台计算机的大型局域网用户，当他们申请 IP 地址时，所分配的地址也不过只有几个或十几个而已。显然，这样少的 IP 地址根本无法满足网络用户的需求，于是也就产生了 NAT 技术。虽然 NAT 可以借助于某些代理服务器来实现，但考虑到运算成本和网络性能，很多时候都是在路由器上来实现的。

2．NAT 技术的作用

借助于 NAT，私有（保留）地址的"内部"网络通过路由器发送数据包时，私有地址被转换成合法的 IP 地址，一个局域网只需使用少量 IP 地址（甚至是 1 个）即可实现私有地址网络内所有计算机与 Internet 的通信需求。

NAT 将自动修改 IP 报文的源 IP 地址和目的 IP 地址，IP 地址校验则在 NAT 处理过程中自动完成。有些应用程序将源 IP 地址嵌入到 IP 报文的数据部分中，所以还需要同时对报文的数据部分进行修改，以匹配 IP 头中已经修改过的源 IP 地址。否则，在报文数据部分嵌入 IP 地址的应用程序就不能正常工作。

3. NAT 的架设需求

由前面 NAT 的介绍，我们知道它可以作为宽带分享的主机，当然也可以管理一群在 NAT 主机后面的 Client 计算机。所以 NAT 的功能至少有以下两项。

1）宽带分享：这是 NAT 主机的最大功能。

2）安全防护：NAT 之内的 PC 联机到 Internet 上面时，他所显示的 IP 是 NAT 主机的公共 IP，所以 Client 端的 PC 当然就具有一定程度的安全了。外界在进行 port scan（端口扫描）时，就侦测不到源 Client 端的 PC。

任务 4 配置本地安全策略

任务分析

在没有活动目录集中管理的情况下，本地管理员必须为计算机进行设置以确保其安全性。例如，限制用户如何设置密码、通过账户策略设置账户安全性、通过锁定账户策略避免他人登录计算机、指派用户权限等。这些安全设置分组管理，就组成了本地安全策略。

任务实战

本地安全策略的配置

（1）打开本地安全策略

1）选择"开始"→"设置"→"控制面板"命令，打开"控制面板"窗口，如图 7-32 所示。

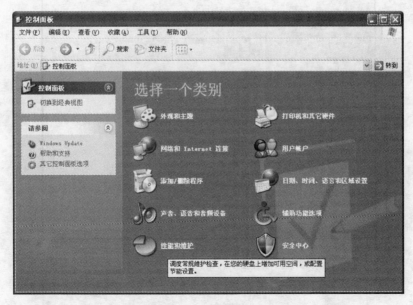

图7-32 "控制面板"窗口

2）单击"性能和维护"选项，打开"性能和维护"窗口，如图 7-33 所示。

图7-33 "性能和维护"窗口

3）在打开的"性能和维护"窗口中双击"管理工具"图标，打开"管理工具"窗口，如图 7-34 所示。

图7-34 "管理工具"窗口

4）在"管理工具"窗口中双击"本地安全策略"图标，打开"本地安全设置"窗口，如图 7-35 所示。

（2）设置用户权利指派

通过设置"用户权利指派"策略，可以解决诸如用户不能访问共享计算机的问题。

1）打开"本地安全策略"窗口后，在左窗格中展开"本地策略"目录，并单击选中"用户权利指派"选项。然后在右窗格列表中找到并双击"从网络访问此计算机"选项，如图 7-36 所示。

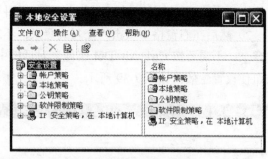

图 7-35　"本地安全设置"窗口

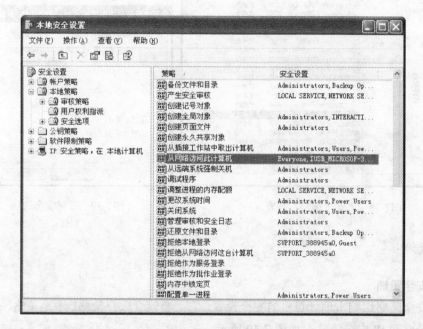

图7-36　"用户权利指派"列表

2）打开"从网络访问此计算机属性"对话框，选择"本地安全设置"选项卡，添加所有不能访问该服务器的用户和组即可，如图 7-37 所示。

（3）设置安全选项

对于运行 Windows 2003 Server 的服务器，在登录系统时会提示用户按<Ctrl+Alt+Del>组合键打开登录对话框，用户可以通过编辑组策略禁用该对话框。

1）打开"本地安全策略"窗口后，在左

图 7-37　添加用户和组

窗格中依次展开"本地策略/ 安全选项",如图 7-38 所示。

2）然后在右窗格中双击"交互式登录:不需要按 Ctrl+Alt+Del"选项。在打开的"交互式登录:不需要按 Ctrl+Alt+Del 属性"对话框中点选"已启用"单选按钮,并单击"确定"按钮使设置生效,如图 7-39 所示。

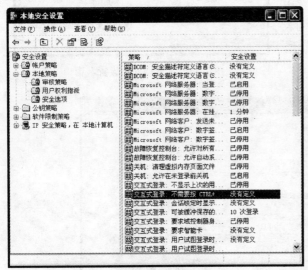

图7-38 "安全选项"列表　　　　　图7-39 设置安全选项

相关知识

本地安全策略

本地安全策略影响本地计算机的安全设置,它主要包含账户策略、本地策略、公钥策略、软件限制策略和 IP 安全策略,如图 7-40 所示。

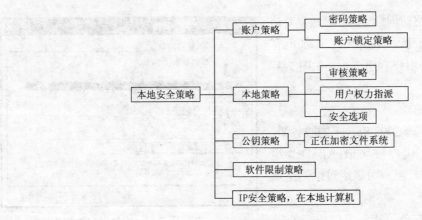

图7-40 本地安全策略

（1）账户策略

1）密码策略的主要作用是对系统登录密码的一些安全进行相应的设置。

2）账户锁定策略的作用就是管理员可以把系统中的一些账户锁定，使这些账户不能登录系统，而且还可以设置锁定的时间长短。

（2）本地策略

1）审核策略：是用来设置一些审核系统的内容，如审核登录账户、审核系统事件、审核策略更改等，一般用户不用进行设置，只要按照默认配置即可。

2）用户权利指派：用来设置系统的策略内容有哪些账户可以用。

3）安全选项：是用来设置一些系统安全方面的策略内容。我们可以在这里设置策略的"启用"或"停用"。

（3）公钥策略

可以让计算机自动向企业证书颁发机构提交证书申请并安装颁发的证书，这样有助于计算机在组织内执行公钥加密操作。

（4）软件限制策略

默认情况下是关闭的，简单地说，功能就是设置哪些软件可以用，哪些软件不可以用。

（5）IP 安全策略

起到 IP 地址的安全保护设置作用，用它可以防止别人 ping 自己的计算机，而且还可以关闭一些危险的端口，但平时很少使用且操作困难。

任务拓展

1．组策略

在认识组策略前先来简单学习一下有关注册表的知识。注册表实质上是一个 Windows 系统中保存操作系统、应用软件配置的数据库，并且随着 Windows 版本的不断升级和功能的不断丰富，注册表包含的配置项目也越来越多。用户可以对注册表中的很多项目进行自定义设置，然而由于注册表可供自定义设置的分支繁多，如果手工设置则对用户的技术水平是一种考验。在这种前提下，组策略应运而生。

组策略就是将系统重要的配置功能汇集成各种配置模块供管理人员直接使用，从而达到方便管理计算机的目的。简而言之，组策略是一种用来修改注册表设置项目的有效工具。并且由于组策略拥有更完善的管理组织方法，能够对组策略中的各种对象设置进行管理和配置，因此比手工修改注册表更加方便灵活，其功能也更加强大。

组策略在系统的用户配置中是介于控制面板和注册表之间的工具。从方便度排序是（不绝对）：控制面板、组策略、注册表；从功能大小排序是：注册表、组策略、控制面板。

2．组策略和本地安全策略的区别

本地安全策略主要是对计算机安全方面和权限的设置。如用户权利的指派等。组策略的功能更强大，是对计算机更详细的设置，比如锁定某个盘符，隐藏盘符等。在 Windows　2000 Server/XP/2003 Server 系统中默认已经安装了组策略组件，以 Windows 2003 Server 系统为例，依次执行"开始"→"运行"，在"运行"编辑框中输入"gpedit.msc"命令并按<Enter>键即可打开"组策略"窗口，如图 7-41 所示。

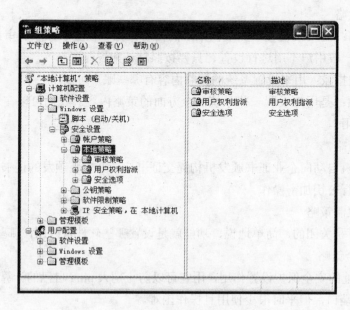

图7-41　"组策略"窗口

组策略包含计算机配置和用户配置，每个配置又分为以下 3 个部分。

1）管理模板：包括 Windows 组件、网络、桌面以及任务栏和开始菜单等相关的策略。

2）Windows 设置：包括脚本、安全设置（户策略和本地策略）等相关的策略。

3）软件设置：包括软件安装策略，可以进行应用程序的指派与发布。组策略包括计算机配置和用户配置。

由此可见，本地安全策略只是组策略的一部分。

 项目测试

1．填空题

1）一般来说，网络管理就是通过某种方式_____使网络能够_____。

2）NAT 的实现方式有 3 种，包括_____、_____和_____。

3）本地安全策略主要包含_____、_____、_____、_____和_____。

4）VPN 全称是_____，中文的意思是_____。

2．选择题

1）组建虚拟局域网必须使用_____。

A．集线器　　　　　　　　　　　B．交换机

C．路由器　　　　　　　　　　　D．交换机或路由器

2）下列关于虚拟局域网的叙述不正确的是_____。

A．虚拟局域网是用户和网络资源的逻辑划分

B．虚拟局域网中的工作站可处于不同的局域网内

C．虚拟局域网是一种新型的局域网

D．虚拟局域网的划分与设备的实际物理位置无关

3）VPN 的隧道协议主要有 3 种，其中不包括_____。

A．PPTP　　　　　　　　　　　B．L2TP

C．TCP/IP　　　　　　　　　　 D．IPSec

4）组策略的计算机配置不包括_____。

A．管理模板　　　　　　　　　　B．Windows 设置

C．软件设置　　　　　　　　　　D．IP 地址设置

3．简答题

1）什么是虚拟专用网络？

2）虚拟局域网在组成方式上可以分成哪些类？

3）简述 VPN 的优缺点。

4）简述划分 VLAN 的目的。

4．操作题

使用"本地安全策略"禁用来宾账户。

项目8 诊断与维护局域网常见故障

由于各种原因网络会出现多种故障，这时如果能够具备一些基础网络故障方面的知识，就可以自己动手解决问题了。本项目将一起学习如何识别网络故障，以及怎样排除这些故障。

1）了解网络故障的定义和分类。
2）熟练掌握网络故障诊断的方法和流程。
3）掌握网络故障的诊断和使用排除工具。

1）掌握网络故障诊断的方法。
2）能独立排除常见的网络故障。

◉ 任务1 诊断与分析局域网常见故障

任务分析

要想正确排除局域网故障，首先就要对局域网故障的现象和种类有足够的认识。本任务将接触不同类别的网络故障的现象和解决方法。

任务实战

1. 网络硬件故障的诊断与分析

（1）网卡故障

在检查网卡方面的故障时，首先检查插在计算机 I/O 插槽上的网卡侧面的指示灯是否正常。网卡一般有两个指示灯，即"连接指示灯"和"信号传输指示灯"，正常情况下"连接指示灯"应一直亮着，而"信号传输指示灯"在信号传输时应不停闪烁。如果"连接指示灯"不亮，就要考虑连接故障，即网卡安装是否正确，网线、集线器是否有故障。

（2）RJ-45 水晶头的故障

该故障发生的原因包括：双绞线与 RJ-45 接头顶端的接触不实或双绞线未按照标准脚位

压入接头，或是接头规格不符，也可能是内部的双绞线折断。还有就是有些厂家以次充好，在水晶头的产品质量上做文章，将水晶头镀金层的厚度变薄，网线经过反复插拔后，镀金层就磨掉，发生氧化，导致网络不通或接触不良。

出现接线故障或接触不良的现象时可以观察双绞线颜色和 RJ-45 接头的脚位是否相符、线头是否顶到 RJ-45 接头顶端，观察 RJ-45 侧面金属片是否已刺入双绞线中，观察双绞线外皮去掉的地方，是否使用剥线工具时切断了绞线等。总之，就是要仔细观察线路。

（3）网络设备故障

该故障通常可用替换法检查，即用通信正常的计算机网线来连接故障机，如能正常通信，显然是网线或网络设备的故障，再转换网络设备（如路由器或交换机等）的端口来区分到底是网线还是网络设备的故障，许多时候网络设备的指示灯也能提示，正常情况下对应端口的灯应亮着。

2．网络软件故障的诊断与分析

（1）网卡设置故障

网卡的设置如果有问题，网卡的信号传输指示灯就不会亮，这时就要检查网卡设置。不同网卡使用的驱动程序也不相同，如果选择不对，就可能不兼容。解决的办法是用正确的驱动程序重新安装一遍。

网卡设置情况的检查如下：

1）选择"开始"→"设置"→"控制面板"命令，打开"控制面板"窗口，如图 8-1 所示。

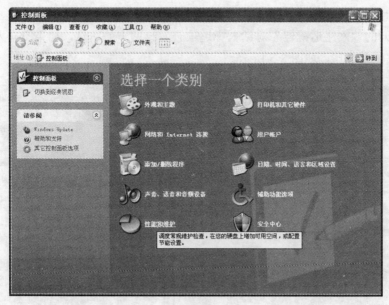

图8-1   "控制面板"窗口

2）单击"性能和维护"选项，打开"性能和维护"窗口，如图 8-2 所示。

3）在打开的"性能和维护"窗口中单击"系统"图标，打开"系统属性"对话框，切换至"硬件"选项卡，如图 8-3 所示。

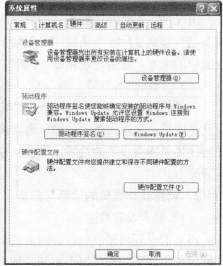

图8-2　"性能和维护"窗口　　　　　　　　图8-3　"系统属性"对话框

4）单击"设备管理器"按钮，打开"设备管理器"窗口，单击"网络适配器"，如果网卡已安装，就会出现网卡名称，选择网卡名称并单击鼠标右键，在弹出的快捷菜单中选择"属性"命令，如图 8-4 所示。

5）在打开的"网络适配器"对话框中逐项查看该网卡的信息，如果没有发现问题，则说明网卡能够正常工作，如图 8-5 所示。

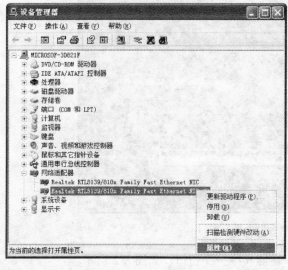
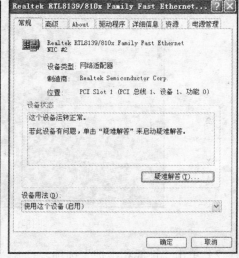

图8-4　"设备管理器"窗口　　　　　　　　图8-5　"网络适配器"对话框

6）单击"确定"按钮，即可关闭对话框。

（2）网卡工作情况的检查（可以使用 ping 命令）

ping 127.0.0.1：127.0.0.1 是本地循环地址。如果该地址无法 ping 通，则表明本机 TCP/IP 不能正常工作；如果 ping 通了该地址，则证明 TCP/IP 正常。

ping 本机的 IP 地址：使用 ipconfig 命令可以查看本机的 IP 地址，ping 该 IP 地址，如果能 ping 通，则表明网络适配器（网卡或者 Modem）工作正常。

ping 本地网关：本地网关的 IP 地址是已知的 IP 地址。ping 本地网关的 IP 地址，ping 不通则表明网络线路出现故障。如果网络中还包含有路由器，还可以 ping 路由器在本网段端口的 IP 地址，不通则此段线路有问题，通则再 ping 路由器在目标计算机所在同段的端口 IP 地址，不通则是路由器出现故障。

ping 网址：如果要检测的是一个带 DNS 服务的网络（如 Internet），上一步 ping 通了目标计算机的 IP 地址后，仍然无法连接到该机，则可以 ping 该机的网络名。正常情况下会出现该网址所指向的 IP 地址，这表明本机的 DNS 设置正确而且 DNS 服务器工作正常。

（3）网络协议的检查

1）打开"控制面板"窗口，单击"网络和 Internet 连接"图标，如图 8-6 所示。

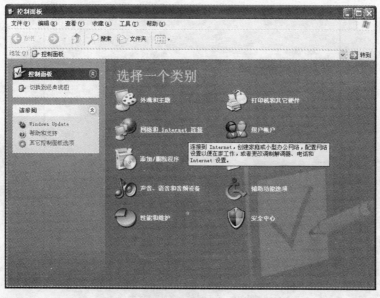

图8-6　选择"网络和Internet连接"

2）在打开的"网络和 Internet 连接"窗口中单击"网络连接"图标，如图 8-7 所示。

3）在打开的"网络连接"窗口中选择"本地连接"图标并单击鼠标右键，在弹出的快捷菜单中选择"属性"菜单命令，如图 8-8 所示。

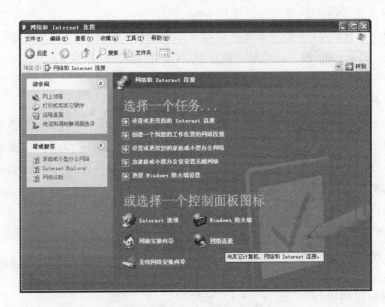

图8-7 "网络和Internet连接"窗口

图8-8 "网络连接"窗口

4）打开"本地连接2 属性"对话框，切换全"常规"选项卡，再选中"Internet 协议（TCP/IP）"复选框，如图 8-9 所示。

5）单击"属性"按钮，打开"Internet 协议（TCP/IP）属性"对话框，检查网络协议的配置情况即可，如图 8-10 所示。

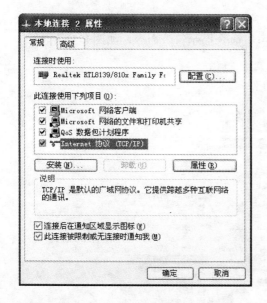

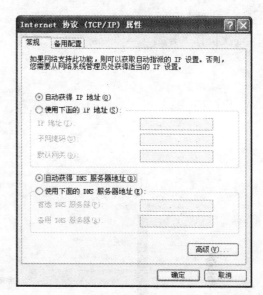

图8-9　"本地连接2 属性"对话框　　图8-10　"Internet协议（TCP/IP）属性"对话框

6）检查完后单击"确定"按钮，关闭该对话框。

相关知识

网络故障的分类

1）按照网络故障的性质可以将网络故障分为硬件故障和软件故障两大类。网络硬件故障主要包括网卡质量问题导致的故障、网卡安装导致的故障、集线器或路由器故障、传输介质故障和服务器自身故障等。软件故障主要有网卡设置问题和网络协议设置问题。在网络发生故障时通常应该首先查看硬件，当排除了硬件故障后，再查看软件问题。

2）按照网络故障的对象分类，可将网络故障分为服务器本身故障、传输介质或接触故障、工作站本身故障。

3）按照网络故障现象分类。常见的网路故障现象主要有服务器无法启动、服务器启动过程不连续、网络适配器（网卡）设置与计算机资源有冲突、进行拨号上网操作时 Modem 没有拨号声音、始终连接不上 Internet、Modem 上指示灯也不闪烁、连接 Internet 速度过慢及 ADSL 的访问速度比平时慢等。

任务拓展

1. 常用网络故障检测命令的输入方法

在出现故障时，网络用户经常可以利用一些命令检测网络故障原因，查看问题是计算机端故障、外界线路故障还是其他故障引起的。

输入方法如下：

依次执行"开始"→"程序"→"附件"→"命令提示符"命令，如图 8-11 所示。

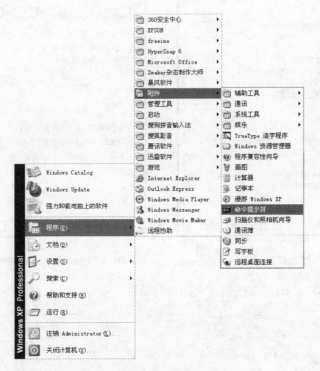

图8-11 选择"命令提示符"命令

在"命令提示符"窗口中输入检测命令，如图 8-12 所示。

图8-12 输入检测命令

2. ipconfig 命令

命令使用方法和功能介绍如下。

（1）ipconfig

功能：显示网卡的简单配置。

输入 ipconfig，若出现如下信息，则表示 IP 线路完全畅通。

```
Windows IP Configuration
Ethernet adAPter 本地连接:
Connection-specific DNS Suffix . :lzu.edu.cn
IP Address. . . . . . . . . . . . : 202.201.15.55
Subnet Mask . . . . . . . . . . . : 255.255.255.0
Default Gateway . . . . . . . . . :
```

若出现如下信息，则表示未获得 IP，利用 ipconfig/renew 命令重新获取 IP。

```
Windows IP Configuration
Ethernet adAPter 本地连接:
Connection-specific DNS Suffix . :
IP Address. . . . . . . . . . . . : 192.168.5.55
Subnet Mask . . . . . . . . . . . : 255.255.255.0
Default Gateway . . . . . . . . . : 192.168.5.1
```

（2）ipconfig/all

功能：显示网卡的详细配置。

```
ipconfig/all
Windows IP Configuration
Host Name . . . . . . . . . . . . : Seal
Primary Dns Suffix . . . . . . . :
Node Type . . . . . . . . . . . . : Unknown
IP Routing Enabled. . . . . . . . : No
WINS Proxy Enabled. . . . . . . . : No
Ethernet adAPter 本地连接:
Connection-specific DNS Suffix . : lzu.edu.cn
Description . . . . . . . . . . . : Intel（R）PRO/100+ PCI AdAPter
Physical Address. . . . . . . . . : 00-D0-B7-E0-6D-E0
Dhcp Enabled. . . . . . . . . . . : Yes
Autoconfiguration Enabled . . . . : Yes
IP Address. . . . . . . . . . . . : 202.201.5.19
Subnet Mask . . . . . . . . . . . : 255.255.255.128
```

```
Default Gateway . . . . . . . . . : 202.201.5.1
DHCP Server . . . . . . . . . . . : 202.201.5.1
DNS Servers . . . . . . . . . . . : 202.201.0.131
202.201.0.132
Lease Obtained. . . . . . . . . . : 2004 年 10 月 9 日 10:21:56
Lease Expires . . . . . . . . . . : 2004 年 10 月 9 日 10:21:56
```

（3）ipconfig/renew

功能：释放并更新网卡的配置。

```
ipconfig/renew
Windows IP Configuration
Ethernet adAPter 本地连接：
Connection-specific DNS Suffix . : lzu.edu.cn
IP Address. . . . . . . . . . . . : 202.201.3.19
Subnet Mask . . . . . . . . . . . : 255.255.255.128
Default Gateway . . . . . . . . . : 202.201.3.1
```

（4）ipconfig/release

功能：释放网卡的配置。

```
ipconfig/release:
Windows IP Configuration
Ethernet adAPter 本地连接：
Connection-specific DNS Suffix . :
IP Address. . . . . . . . . . . . : 0.0.0.0
Subnet Mask . . . . . . . . . . . : 0.0.0.0
Default Gateway . . . . . . . . . :
```

3. ping 命令

ping 命令用来验证本机到被 ping 目标主机的物理线路连通性。

命令格式：ping IP 地址或主机名[-t] [-a] [-n count] [-l size]

常用参数含义：

-t 不停地向目标主机发送数据。

-a 以 IP 地址格式来显示目标主机的网络地址。

-n count 指定要 ping 多少次，具体次数由 count 来指定。

-l size 指定发送到目标主机的数据包大小。

（1）命令：ping 127.0.0.1

功能：验证本机 TCP/IP 是否安装好。

打开"命令提示符"窗口，输入 ping 127.0.0.1 命令，如出现如下所示字样，则表示本机

TCP/IP 安装完好。

```
Pinging 127.0.0.1 with 32 bytes of data:
Reply from 127.0.0.1: bytes=32 time<10ms TTL=128
Reply from 127.0.0.1: bytes=32 time<10ms TTL=128
Reply from 127.0.0.1: bytes=32 time<10ms TTL=128
Reply from 127.0.0.1: bytes=32 time<10ms TTL=128
Ping statistics for 127.0.0.1:
Packets: Sent=4, Received=4, Lost=0（0% loss），
APproximate round trip times in milli-seconds:
Minimum=0ms, Maximum=0ms, Average=0ms
```

如出现如下所示字样，则表示本机 TCP/IP 安装不完整，需重新添加 TCP/IP。

```
Pinging 127.0.0.1 with 32 bytes of data:
Request timed out.
Request timed out.
Request timed out.
Request timed out.
Ping statistics for 127.0.0.1:
Packets: Sent=4, Received=0, Lost=4（100% loss），
APproximate round trip times in milli-seconds:
Minimum=0ms, Maximum=0ms, Average=0ms
```

（2）命令：ping 本机 IP

功能：验证用户本机 IP 地址是否配置完成或者网卡物理属性是否完好。

假设本机 IP 地址是 196.168.11.32，输入命令后如出现如下所示字样，则表示本机 IP 地址已配置好且网卡物理属性完好。

```
Pinging 196.168.11.32 with 32 bytes of data:
Reply from 196.168.11.32: bytes=32 time<10ms TTL=128
Reply from 196.168.11.32: bytes=32 time<10ms TTL=128
Reply from 196.168.11.32: bytes=32 time<10ms TTL=128
Reply from 196.168.11.32: bytes=32 time<10ms TTL=128
Ping statistics for 196.168.11.32:
Packets: Sent=4, Received=4, Lost=0（0% loss），
APproximate round trip times in milli-seconds:
Minimum = 0ms, Maximum = 0ms, Average = 0ms
```

如出现 Request timed out 字样，则表示本机 IP 地址未配置好或网卡物理属性不好，需配置好 IP 地址，如果还有问题，则要更换用户的网卡或重新安装用户的网卡驱动程序。

（3）命令：ping 网关 IP

功能：验证从用户本机到网关的物理线路是否连通。

假设 ping 网关 196.168.11.2，如出现 Reply from...，则表示本机到它的网关物理线路连通性完好；如出现 Request timed out 字样，则表示本机到它的网关物理线路连通性有故障，需要联系网络管理员解决。

4. Tracert 命令

Tracert 命令用来显示数据包到达目标主机所经过的路径，并显示到达每个节点的时间。该命令比较适用于大型网络。

Tracert IP 地址或主机名[-d][-h maximumhops][-j host_list] [-w timeout]

如果我们在 Tracert 命令后面加上一些参数，还可以检测到其他更详细的信息。例如，使用参数-d，可以指定程序在跟踪主机的路径信息时，同时也解析目标主机的域名。所用参数含义如下：

-d 不解析目标主机的名字。

-h maximum_hops 指定搜索到目标地址的最大跳跃数。

-j host_list 按照主机列表中的地址释放源路由。

-w timeout 指定超时时间间隔，程序默认的时间单位是 ms。

例如，大家想要了解自己的计算机与目标主机 www.sohu.com.cn 之间详细的传输路径信息，可以在 MS-DOS 方式下输入 tracert www.sohu .com.cn。

● 任务 2　排除局域网常见故障实例

任务分析

网络故障是非常令人头疼的，一个设备出现问题，一个软件设置不当，就会导致网络连接出现故障，本任务重点围绕网络故障列举实例，在实战中积累故障解决的办法。

任务实战

1. 网卡故障实例排除

（1）网卡受干扰导致网络资源不足

故障现象：

一个办公局域网中共有 8 台计算机。因为工作要增加一台计算机，并连接进入局域网。对这台计算机的设置与之前的设置相同。设置完成后连接一切正常，但其中一台计算机在进行资源共享时，仅允许小文件（几兆及几十兆的文件）在两台计算机之间互相复制，当文件大小超过百兆时，系统将出现"网络资源不足"的错误提示，之后"网上邻居"也将随之丢失。

分析处理：

通常情况下，根据上述故障现象，分析引起网络故障的原因可能有以下几点：网卡工作出现问题（发生冲突或物理损坏等），网线接头出现问题（制作不规范或物理损坏等），网线出现问题（制作不规范或网线中出现断线等），网卡驱动出现问题（安装不正确或系统不支持等）以及网络协议出现问题（选择不符合要求等）。

首先检查网线接头，看它的制作是否符合 568A 或 568B 制作标准。结果发现，制作完全符合标准，并没有出现什么问题。然后更换连接该计算机的网线以及它所使用的网卡，再次进行复制，发现故障依旧。接下来，考虑是否网卡驱动程序或协议出现问题，于是在系统下分别卸载并重新安装网卡驱动程序以及网络协议，但仍然不能解决故障。将可能发生故障的原因均进行分析，但都不能解决，这时可以完全排除系统设置的故障了。

那么问题就集中在所使用的网络设备中了。除了网卡、网线接头以及网线之外，还有什么可以引起故障呢？再次打开机箱进行检查，此时发现本机使用的 PCI 网卡与 AGP 显卡的位置十分靠近，同时显卡上带有一个功率较大的风扇。分析是否设备之间出现相互干扰。于是将网卡拔除，并重新将其安装在一个距离 AGP 显卡较远的插槽中，启动系统后故障解决，复制文件显示正常。

（2）网卡无法正确安装

故障现象：

主板上的集成网卡坏了，现在新买了一块独立网卡安装上，可在 Windows XP 系统中却找不到新安装的网卡，试过更换其他网卡和 PCI 插槽，系统却始终不能识别。

分析处理：

根据用户描述，故障很可能是由于未将损坏的集成网卡屏蔽，导致新旧设备冲突。对此可进入 BIOS 设置界面，选择"Integrated Peripherals"菜单，将其中的"onboard lan device"选项设置为"Disabled"禁用，保存修改结果后即可识别新安装网卡。如问题依旧，则可能因之前的集成网卡驱动未完全卸载，导致系统仍使用旧驱动来识别新安装网卡。对此可打开"设备管理器"，删除网络适配器，再重新查找新设备，安装驱动即可。

（3）多种方法解决网卡冲突故障

故障现象：

完成网卡的安装后，有时常常因为与系统中的其他设备发生冲突而导致网卡或其他设备不能正常工作。

分析处理：

这种冲突的产生通常与系统的默认设置有关，而不能简单地误认为是网卡问题。遇到网卡冲突问题可以从以下几个方面尝试解决：

1）升级操作系统。版本较新的操作系统往往拥有更好的兼容性和更稳定的性能，对各式网卡的自动识别程度也较高。

2）重新分配系统资源。新安装的网卡可能使用了已有设备的 DMA 通道、I/O 地址、IRQ

中断等系统资源，这会引发网卡"冲突"故障。此时需要为新网卡手动分配一个不同的资源就能解决冲突。首先应该打开"设备管理器"窗口，选择网卡图标并单击鼠标右键，在弹出的快捷菜单中选择"属性"命令，打开"网卡属性"对话框。切换至"资源"选项卡，对网卡的"输入/输出范围""中断请求"等资源重新进行设置以免出现重复，如图 8-13 所示。

图 8-13　重新设置系统资源

2．路由器、交换机故障实例排除

（1）路由器不能正常登录

故障现象：

网络设备为 TP-LINK R402M 的路由器，使用一段时间后，就无法登录 Web 界面，显示找不到网页，路由器能够照常使用，就是无法登录，此时，拔了电源重插，就能恢复正常，这是怎么回事。

分析处理：

因为对路由器管理界面的访问是由路由器内部进程控制的，但是这个进程的优先级并不高，当路由器疲于处理其他任务时，有可能出现路由器管理界面无法登录的情况。一般拔掉电源，重启路由器，就等于强制释放了连接路由器的链接，使路由器有能力来应付你的操作。为了以后避免这种情况，不要在路由器进行 BT 下载等高负荷任务时，登录 Web 界面，而在路由器空闲时登录，就可以杜绝此类情况发生。

（2）文件共享响应太慢

故障现象：

某单位办公局域网，以前用 HUB 上网时各台计算机之间可以顺利进行文件共享。添加路由器后出现了怪现象，在"网上邻居"中可以看到其他计算机的共享文件，但是将这些共享文件复制到本地计算机时速度奇慢，有时甚至会停止响应。而其他计算机之间的共享是正常的，请问是怎么回事呢？

分析处理：

故障描述中提到其他计算机间共享正常，说明问题应该出在本地计算机到路由器端口这部分连接。这部分连接可能存在的故障包括交换设备端口、网线、网卡和计算机，建议采用替换法尝试解决问题。

1）检查网线的质量及接口是否有问题。

2）改变交换设备端口看能否解决问题。

3）检查网卡驱动程序安装、设置是否正常。计算机是否安装了防火墙软件以及是否正确设置了 IP 规则。

4）替换计算机的网卡看能否解决问题。

（3）路由器上的 Link 灯不亮

故障现象：

新搭建的公司办公局域网，完成物理连接后发现一台路由器的 Link 灯不亮，请问应该如何解决此问题？

分析处理：

路由器上的 Link 灯代表了它是否处于正常的工作状态。如果 Link 灯亮起代表联机成功，如果 Link 灯不亮则代表联机失败或没有连接。通常情况下这个问题是由网线的跳线所导致的。当用户使用路由器连接不同设备时，需要进行不同网线的跳线切换，因为直连网线或交叉网线所对应的网络设备并不相同。有的宽带路由器的背面有一个"MDIX"按钮用于负责进行直连网线或交叉网线的切换，如果 Link 没有亮起，可以按该按钮尝试解决问题。

3．网络连接故障实例排除

故障现象：

最近，同事的计算机经常自动断线，而 ADSL Modem 的各个指示灯一切正常。难道是一种新型病毒所致？但据小李说，他已经对整个系统进行了查杀，没有发现任何异常。

分析处理：

经过一番试验，只要开启空调，刚才还好好的宽带马上掉线，只有手动关掉并重新打开 ADSL Modem 电源开关后，才能正常上网。找到问题的原因后，解决办法就简单多了，可以为计算机加装一台不间断电源（Uninterruptible Power System，UPS），它在电压不稳时能稳定电压，突然停电时就把存储的电用来供电）即可。

4．网络设置故障实例排除

（1）限制客服机上网速度

故障现象：

某学校几个寝室的计算机组成一个局域网，通过 ADSL 方式接入 Internet。将其中一台运行 Windows XP 的计算机作代理服务器，其他计算机通过代理服务器实现 Internet 连接共享。请问如何才能限制客户计算机的上网速度？

分析处理：

Windows 系统内置的 ICS 就可以实现 Internet 连接共享，但却无法实现对客户端的限制。因此要想实现对客户端的高级管理（带宽限制、访问限制），必须借助于"Win Gate"或"Sy Gate"等第三方代理服务器软件。

（2）在代理服务器上限制网络流量

故障现象：

某单位服务器使用"CCproxy"代理服务器软件为局域网计算机提供共享上网服务。为防止由于某些员工在上班时间频繁地下载一些软件和电影而引起的网速变慢现象，现在限制每台客户计算机的网络的流量。请问应该如何操作？

分析处理：

可以通过对 CCProxy 设置来限制指定客户计算机的网络流量，具体操作方法如下：运行 CCProxy 并在其主窗口中单击"账号"按钮，在打开的"账号管理"对话框中，单击选中"属性"区域"允许范围"下拉菜单中的"允许部分"选项，如图 8-14 所示。

单击"新建"按钮，打开"账号"对话框。在"IP 地址/IP 段"编辑框中输入要限制客户计算机的 IP 地址；接着将"最大连接数"设置为"1"，这表示只允许该客户机同时建立一个连接，这样可以限制一些下载工具软件的多线程数目；最后将"宽带（字节/秒）"设置为"50"，表示该限制的客户机的带宽上限为 50kB/s，最后连续单击"确定"按钮使设置生效，如图 8-15 所示。

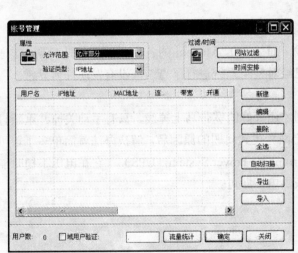

图8-14　"账号管理"对话框

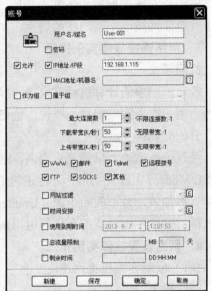

图8-15　设置账户限制属性

相关知识

1. 检测排除网络故障的步骤

当网络出现故障时，先要通过仔细地观察和检测，对网络故障出现的原因及位置进行准确的辨别，然后根据故障情况，逐一解决。由于网络故障的多样性和综合性，有时在实际工作中遇到困难时无法根据经验来解决，这就需要网络管理员具备扎实的计算机和网络基础知识，在此基础上结合实际经验，运用自己的智慧，尽可能多地解决问题。

通常在查找、排除网络故障时遵循以下几个步骤。

（1）识别故障现象

在排除故障之前，必须确切地知道网络上到底出了什么毛病，是不能共享资源，还是找不到另一台计算机等。知道出了什么问题并能够及时识别，是成功排除故障最重要的步骤。为了与故障现象进行对比，作为管理员用户必须知道系统在正常情况下是怎样工作的，反之，则不好对问题和故障进行定位。识别故障现象时，应该向操作者询问以下几个问题：

1）当被记录的故障现象发生时，正在运行什么进程（即操作者正在对计算机进行什么操作）？

2）这个进程以前运行过吗？

3）以前这个进程的运行是否成功？

4）这个进程最后一次成功运行是什么时候？

5）从那时起，哪些进程发生了改变？

然后带着这些疑问，再去了解问题，做到有针对性地排除故障。

（2）对故障现象进行详细描述

当处理由操作员报告的问题时，对故障现象的详细描述显得尤为重要。如果仅凭他们的一面之词，是很难下结论的。这时就需要管理员亲自操作刚才出错的程序，并注意出错信息。例如，在使用 Web 浏览器进行浏览时，无论输入哪个网站都返回"该网页无法显示"之类的信息。使用 ping 命令时，无论 ping 哪个 IP 地址都显示超时连接信息等。诸如此类的出错消息会为缩小问题范围提供许多有价值的信息。对此在排除故障前，可以按照以下步骤执行：

1）收集有关故障现象的信息。

2）对问题和故障现象进行详细描述。

3）注意细节。

4）把所有的问题都记录下来。

5）不要匆忙下结论。

（3）列举可能导致错误的原因

接下来就要考虑导致无法查看信息的原因可能有哪些，如网卡硬件故障、网络连接故障、网络设备（如集线器、交换机）故障、TCP/IP 设置不当等。

注意：不要着急下结论，可以根据出错的可能性把这些原因按优先级别进行排序，逐个先后排除。

（4）缩小搜索范围

对所有列出的可能导致错误的原因逐一进行测试，而且不要根据一次测试就断定某一区域的网络是运行正常或是不正常。另外，也不要在自己认为已经确定了的第一个错误上停下来，应直到测试完为止。

除了测试之外，网络管理员还要注意：千万不要忘记去看一看网卡、HUB、Modem、路由器面板上的 LED 指示灯。通常情况下，绿灯表示连接正常（Modem 需要几个绿灯和红灯都要亮），红灯表示连接故障，不亮表示无连接或线路不通。根据数据流量的大小，指示灯会时快时慢地闪烁。同时，不要忘记记录所有观察及测试的方法和结果。

（5）隔离错误

经过以上几步的检查，基本上可以判断出故障的部位了。对于计算机的错误，用户可以开始检查该计算机网卡是否安装好、TCP/IP 是否安装并设置正确、Web 浏览器的连接设置是否得当等一切与已知故障现象有关的内容。然后剩下的事情就是排除故障了。需要注意的是，在开机箱时，不要忘记静电对计算机的危害，要正确拆卸计算机部件。

任务拓展

1. 网络连通性故障的原因及排除方法

（1）网络连通性故障的表现

1）计算机无法登录到服务器。

2）计算机无法通过局域网接入 Internet。

3）计算机在"网上邻居"中只能看到自己，而看不到其他计算机，从而无法使用其他计算机上的共享资源和共享打印机。

4）计算机无法在网络内实现访问其他计算机上的资源。

5）网络中的部分计算机运行速度异常缓慢。

（2）网络连通性故障的原因

1）网卡未安装，或未安装正确，或与其他设备有冲突。

2）网卡硬件故障。

3）网络协议未安装，或设置不正确。

4）网线、跳线或信息插座故障。

5）HUB 电源未打开，HUB 硬件故障，或 HUB 端口硬件故障。

6）UPS 电源故障。

（3）网络连通性故障的排除方法

1）确认连通性故障。当出现一种网络应用故障时，如无法接入 Internet，首先尝试使用其他网络应用，如查找网络中的其他计算机，或使用局域网中的 Web 浏览等。如果其他网络应用可以正常使用，如虽然无法接入 Internet，却能够在"网上邻居"中找到其他计算机，或可 ping 到其他计算机，即可排除连通性故障原因。如果其他网络应用均无法实现，需继续下面操作。

2）看 LED 灯判断网卡的故障。首先查看网卡的指示灯是否正常。正常情况下，在不传送数据时，网卡的指示灯闪烁较慢，传送数据时，闪烁较快。无论是不亮，还是长亮不灭，都表明有故障存在。如果网卡的指示灯不正常，需关掉计算机更换网卡。对于 HUB 的指示灯，凡是插有网线的端口，指示灯都亮。由于是 HUB，指示灯的作用只能指示该端口是否连接有终端设备，不能显示通信状态。

3）用 ping 命令排除网卡故障。使用 ping 命令，ping 本地的 IP 地址或计算机名，检查网卡和 IP 网络协议是否安装完好。如果能 ping 通，说明该计算机的网卡和网络协议的设置都没有问题，问题出在计算机与网络的连接上。因此，应当检查网线和 HUB 及 HUB 的接口状态，如果无法 ping 通，只能说明 TCP/IP 有问题。这时可以在计算机的"控制面板"的"系统"中，查看网卡是否已经安装或是否出错。如果在系统中的硬件列表中没有发现网络适配器，或网络适配器前面有一个黄色的"！"，则说明网卡未安装正确。需将未知设备或带有黄色的"！"网络适配器删除，刷新后，重新安装网卡，并为该网卡正确安装和配置网络协议，然后进行应用测试。如果网卡无法正确安装，说明网卡可能损坏，必须换一块网卡重试。如果网卡安装正确，则原因是协议未安装。

4）如果确定网卡和协议都正确的情况下，还是网络不通，可初步断定是 HUB 或双绞线的问题。为了进一步进行确认，可再换一台计算机用同样的方法进行判断。如果其他计算机与本机连接正常，则故障一定是先前的那台计算机和 HUB 的接口上。

5）如果确定 HUB 有故障，应首先检查 HUB 的指示灯是否正常，如果先前那台计算机与 HUB 连接的接口灯不亮说明该 HUB 的接口有故障（HUB 的指示灯表明插有网线的端口，指示灯亮，指示灯不能显示通信状态）。

6）如果 HUB 没有问题，则检查计算机到 HUB 的那一段双绞线和所安装的网卡是否有故障。判断双绞线是否有问题可以通过"双绞线测试仪"或用两块万用表分别由两个人在双绞线的两端测试。主要测试双绞线的 1、2 和 3、6 这 4 条线（其中 1、2 线用于发送，3、6 线用于接收）。如果发现有一根不通就要重新制作。通过上面的故障压缩，我们就可以判断故障是出在网卡、双绞线或 HUB 上。

2．网络协议故障的原因及排除方法

（1）网络协议故障的表现

1）计算机无法登录到服务器。

2）计算机在"网上邻居"中既看不到自己，也无法在网络中访问其他计算机。

3）计算机在"网上邻居"中能看到自己和其他成员，但无法访问其他计算机。

4）计算机无法通过局域网接入 Internet。

（2）网络协议故障的原因

1）协议未安装：实现局域网通信，需安装 NetBEUI 协议。

2）协议配置不正确：TCP/IP 涉及的基本参数有 4 个，包括 IP 地址、子网掩码、DNS 和网关，任何一个设置错误，都会导致故障发生。

（3）网络协议故障的排除方法

当计算机出现以上协议故障现象时，应当按照以下步骤进行故障的定位。

1）检查计算机是否安装 TCP/IP 和 NetBEUI 协议，如果没有，建议安装这两个协议，并把 TCP/IP 参数配置好，然后重新启动计算机。

2）使用 ping 命令，测试与其他计算机的连接情况。

3）在"控制面板"的"网络"属性中，单击"文件及打印共享"按钮，在弹出的"文件及打印共享"对话框中检查一下，看是否选中了"允许其他用户访问我的文件"和"允许其他计算机使用我的打印机"复选框，或者其中的一个。如果没有，全部选中或选中一个，否则将无法使用共享文件夹。

4）系统重新启动后，双击"网上邻居"图标，将显示网络中的其他计算机和共享资源。如果仍看不到其他计算机，可以使用"查找"命令，找到其他计算机，证明网络是连通的。

5）在"网络"属性的"标识"中重新为该计算机命名，使其在网络中具有唯一性。

3．网络配置故障的原因及排除

网络配置错误是导致故障发生的重要原因之一。网络管理员对服务器、路由器等的不当设置自然会导致网络故障，用户对计算机设置的修改，往往也会产生一些让人无法预料的配置错误。

（1）网络配置故障的表现

配置故障更多的时候是表现在不能实现网络所提供的各种服务上，如不能访问某一台计算机等。因此，在修改配置前，必须做好原有配置的记录，并进行备份。

配置故障通常表现为以下两种：

1）计算机只能与某些计算机而不是全部计算机进行通信。

2）计算机无法访问任何其他设备。

（2）网络配置故障的排除方法

首先检查发生故障计算机的相关配置。如果发现错误，修改后，再测试相应的网络服务是否能够实现。如果没有发现错误，或相应的网络服务不能够实现，执行以下步骤。

测试系统内的其他计算机是否有类似的故障，如果有同样的故障，说明问题出在网络设备上，如 HUB。反之，则对被访问计算机对该访问计算机所提供的服务进行认真的检查。

计算机的故障虽然多种多样，但并非无规律可循。随着理论知识和经验技术的积累，故障排除将变得越来越快、越来越简单。严格的网络管理，是减少网络故障的重要手段；完善的技术档案，是排除故障的重要参考；有效的测试和监视工具则是预防、排除故障的有力助手。

 **项目测试**

1．填空题

1）用于显示当前正在活动的网络连接的网络命令是_____。

2）验证本地计算机是否安装了 TCP/IP 以及配置是否正确，可以使用_____命令。

3）网卡不能正常安装的故障主要有_____、_____以及_____等 3 种情况。

4）执行命令 ipconfig/release，完成的操作是_____。

2．选择题

1）计算机登录后网络立刻显示"网络适配器无法正常工作"，原因是_____。

A．没有安装网卡

B．没有安装网卡驱动程序

C．网卡没有正确安装

D．网卡应该插入一个特定的扩展插槽内

2）用户在"网上邻居"中只看到自己，可能的原因是　　　　　　。

A．没有安装网卡

B．没有安装网卡驱动程序

C．网络连线没有插好

D．网络适配器的安装不正确

3）网络速度不正常的原因不可能是　　　　　　。

A．HUB 工作不正常

B．服务器内存不足

C．利用率过高，网段负荷加重

D．服务器的 Cache 设置大，保留了充足的缓冲区

4）病毒是一种　　　　　　　　。

A．可以传染给人的疾病

B．计算机自动产生的恶性程序

C．人为编制的恶性程序或代码

D．环境不良引起的恶性程序

3．简答题

1）常见的网卡故障有哪些？

2）ping 命令的作用是什么？

3）ipconfig 命令有哪些用途？

4）简述网络故障排除的步骤。

4．操作题

1）小吴的计算机安装的是 Windows XP，当安装了 D-Link 网卡之后，就不能开机了，更换此网卡之后，系统又可以正常使用。按<F8>键进入"安全模式"，在"设备管理器"中可以发现 D-Link 网卡没有安装好，原来拆下的网卡还显示在硬件列表中。右键单击此网卡进行卸载驱动操作时，系统却提示它"正在使用"。通过什么方法可以卸载或安装此网卡？

2）小郑在正常的上网过程中，ADSL Modem 的 Power/Sync 灯偶尔变红，接着又会恢复正常，并且非常容易断线，分析可能造成的原因。

参 考 文 献

[1] 谢希仁. 计算机网络技术[M]. 北京：电子工业出版社，2008.

[2] 陈鸣. 计算机网络实验教程——从原理到实践[M]. 北京：机械工业出版社，2007.

[3] 崔北亮. 非常网管——网络管理从入门到精通[M]. 北京：人民邮电出版社，2010.

[4] 张瑞生. 无线局域网搭建与管理[M]. 北京：电子工业出版社，2011.

[5] 凤舞科技. 局域网组建和维护入门与提高[M]. 北京：清华大学出版社，2012.

[6] 恩和门德，等. 局域网组网与综合布线案例教程[M]. 北京：机械工业出版社，2013.